Paul Müller

Schwarzwild

1. Auflage

Schwalbenweg 1, 34212 Melsungen
Tel. 05661-9262-0, Fax 05661-9262-20
www.neumann-neudamm.de, info@neumann-neudamm.de

Printed in the European Community
Satz/Layout: J. Neumann-Neudamm AG
Titel: Aus dem Archiv des Verfassers
Bildnachweis: Die Abbildungen stammen aus dem Archiv des Verfassers
Druck und Weiterverarbeitung: Aalexx Buchproduktion, Großburgwedel

ISBN 978-3-7888-1273-7

PROF. DR. DR. H.C. MULT. PAUL MÜLLER
INSTITUT FÜR BIOGEOGRAPHIE; UNIV. TRIER

Schwarzwild

ANPASSUNGSKÜNSTLER GEGEN JAGDLICHE INTELLIGENZ

NEUMANN-NEUDAMM

Inhalt

1. Aktuelle „Schweinereien“ in Deutschland.

Nicht nur in Deutschland, sondern fast überall in ihrem Verbreitungsgebiet explodieren die Schwarzwildpopulationen. Das gilt für Japan und China ebenso wie für Taiwan, Nordamerika, wo das Schwarzwild erst im 19. Jahrhundert eingeführt wurde, oder Europa. Naturgemäß führt das insbesondere in der mitteleuropäischen Kulturlandschaft zu erheblichen Problemen keineswegs nur in der Landwirtschaft. Der Ruf nach drastischen Reduktionsmaßnahmen, bei uns besonders laut erhoben von Landwirten, Schweinezüchtern (die allerdings sich auch daran erinnern sollten, dass die „Klassische Schweinepest“ erstmals 1833 bei Hausschweinen im US-Bundesstaat Ohio nachgewiesen wurde; MÜLLER 2001) und Veterinärbehörden, von in ihren Gärten, ja sogar Wohnzimmern, in Eisdielen, Kneipen und an Tankstellen vom Schwarzwild „bedrängten“ Bürgern, von Opfern von Verkehrsunfällen, an denen Schwarzwild beteiligt war und ist, aber auch von Naturschützern, die zunehmend eine Gefährdung der Bodenbrüter und anderer Schutzobjekte befürchten, wird auch medienwirksam immer lauter. Gleichzeitig entdecken argumentationsschwache, aber lautstarke Jagdgegner ihr Herz für die Schweine und hetzen mit moralinen Sprüchen gegen Jagd und Jäger. Die Lautstärke und Polemik der Auseinandersetzungen steigt dabei mit dem Grad der jeweiligen Betroffenheit; und die ist bekanntlich auch sehr unterschiedlich bei den Jägern. Pächter von Feldrevieren ziehen sich unter dem Druck von Wildschadensforderungen zunehmend aus ihren Pachtverträgen zurück. Waldjäger, Waldbesitzer und Förster, in deren Revieren zwar die Kinderstuben des Schwarzwildes liegen, für die jedoch die Schwarzwildschäden meist finanzwirksam nicht zu Buche schlagen, sehen das Schwarzwild mit anderen Augen.

Natürlich existieren für die „Explosion der Bestände“ auch genügend Erklärungsversuche, meist zugeschnitten auf bestimmte „Ursachen“ (u.a. falsche Bejagung; Fütterungen und Kirrungen; Maisanbau; Eutrophierung der Landschaft) und „individuelle Schuldzuweisungen“. Diese zeichnen sich jedoch überwiegend dadurch aus, dass sie in einem Faktorengefüge von natürlichem Reproduktionspotential, Klimawandel, landwirtschaftlicher Flächennutzung, ganzjährig verfügbarem Nahrungsangebot und auch jagdlichem Fehlverhalten die Ursachen des Phänomens meist nur unikausal und beeinflusst von persönlichen Erfahrungen interpretieren. Nach dem Muster „für jedes noch so komplizierte Problem gibt es eine ganz einfache Lösung – und die ist falsch" (Umberto ECO) werden von unterschiedlicher Seite meist auch untaugliche „Lösungsvorschläge" unterbreitet. Dabei würde schon ein Blick auf die gemeinsame Kulturgeschichte von Schwein und Mensch zeigen, dass viele Probleme keineswegs neu sind. Deutlich würde dabei auch werden, dass auch Wildschäden sicherlich schon seit den Bauernkriegen als Druckmittel benutzt wurden, um politische Ziele zu erreichen.

Allerdings würde auch sichtbar werden, dass wir nicht rechtzeitig die ersten Anzeichen einer auf uns zukommenden, von verändernden Naturfaktoren angetriebenen Populationswelle richtig erkannten und ihr nicht konsequent genug die passenden jagdlichen Dämme entgegenstellten. Der Wandel von Ökosystemen vollzieht sich meist schleichend. Er wird nur von jenen wahrgenommen, die gewohnt sind, Natur sorgfältig zu beobachten, die phänologischen Veränderungen in unseren Landschaften, vom sich verschiebenden Beginn der Apfel- oder der Schneeglöckchenblüte bis zu den Ankunftsdaten der Zugvögel, der Häufung von Mastjahren bis zur Häufung milder Winter in Bezug zum Schwarzwild richtig deuteten. Alle Organismen, die 24 Stunden lang mit dem „Hintern auf der blanken Scholle sitzen", reagieren auf diesen ökosystemaren Wandel. Die Schuld vieler Jäger besteht darin, dass sie die seit 1980 deutlich ansteigenden Schwarzwildstrecken nur als ein Ergebnis ihrer Bemühungen zum „Abbremsen der Populationsexplosionen" verstanden und in der Öffentlichkeit verkauften, selbst aber nicht ihre Bejagungsstrategien konsequent den ökosystemaren Antriebsfaktoren anpassten. Jagdliche Traditionen sind ein Stück unserer Jagdkultur. Unsere tiefe Liebe zu den Wildtieren verhinderte über Jahrhunderte, dass wir „Muttertiere" oder gar „gelb gestreifte Frischlinge" bejagten. Mitleid ist eine zutiefst menschliche Tugend, die allerdings nur selten verhinderte, dass daraus größeres Elend entstand. Eine rationale funktionale Analyse ist die Grundlage von jedem Wildlife-Management.

Heute wird den Jägern vorgeworfen, die „Situation schon längst nicht mehr im Griff zu haben". Eine Empfehlung zur Schwarzwildbejagung und zur Minimierung des Schweinepestrisikos jagt die andere (vgl. beispielsweise das im März 2009 erschienene „10-Punkte-Schweinepest-Papier“ aus Nordrhein-Westfalen). Die Zahl qualifizierter und bedenkenswerter, aber auch irrationaler Vorschläge zur „Problemlösung“ überschlagen sich im Augenblick, rufen z.T. Erinnerungen an längst vergangene Auseinandersetzungen zwischen „Jagdregal“ und „Bauernkriegern“ wach, wobei jedoch jede Seite es meist ablehnt, ursächlich mit den Problemen etwas zu tun zu haben.

Ein geschichtlicher Rückblick zeigt, dass Schwarzwild in Kulturlandschaften, je nach individueller Betroffenheit oder Religionszugehörigkeit, immer „Liebhaber“ und „hassende Verfolger“ hatte. Der selbst mit Freude jagende Goethe beschwerte sich als Wirtschaftsminister des Herzogtums Sachsen-Weimar-Eisenach bei seinem jagdbegeisterten Herzog über dessen zu Jagdzwecken am Ettersberg angesiedelte, die Felder der Bauern verwüstende Wildschweine. Die weitsichtige und politisch kluge Maria Theresia befahl am 25. August 1770, dass die außerhalb umzäunter Tiergärten angetroffenen Schwarzkittel von „jedermann erlegt werden durften“. 1837 wurden in Baden-Württemberg 8000 Sauen in einer Großaktion abgeschossen, „um die Bauern zu beruhigen“ (STAHMANN 2008).

Das Thema ist folglich nicht neu; nur die Akteure, der Zeitgeist und die Landschaften haben sich gewandelt. Die Schweine sind sich treu geblieben.

Um den notwendigen Frischlingsabschuss zu steigern, wurde in Nordrhein-Westfalen am 30.10.08 speziell für die Frischlingsbejagung § 19 Abs. 1 und 2 b des Bundesjagdgesetzes aufgehoben. Dort können in Zukunft (bis zum 31.3.2013) in besonders „kritischen Kreisen“ auch mit Kalibern unter 6,5 mm (mindestens .22 Hornet oder stärker) Frischlinge bis 15 Kilogramm erlegt werden. In der gleichen Verordnung des zuständigen Ministeriums wird jedoch empfohlen – „wegen der Tierschutzproblematik“ – Saufänge nicht zu genehmigen, wobei jedoch einschränkend zugleich darauf hingewiesen wird, dass „Kastenfallen für den Lebendfang keine Saufänge im Sinne des Gesetzes sind und daher genehmigungsfrei“. Im „10-Punkte-Schweinepest-Papier“ von NRW (vom März 2009) wird dennoch darauf hingewiesen, dass zumindest „der Einsatz von Frischlingsfallen eine für wenige Einzelfälle geeignete, ergänzende Maßnahme zur zusätzlichen Dichteabschöpfung ist“.

Natürlich wissen wir, dass die .22 Hornet mehr als „grenzwertig“ ist (MÜLLER 2009), aber zumindest mit der .222 lässt sich doch jeder Frischling erlegen. Im Rahmen der „pest animal units“ hatten wir mit diesem Kaliber beste Erfahrungen in Australien gemacht. Die für die Rehbockjagd zugelassenen Kaliber kann man auch für die Frischlingsbejagung einsetzen; aber sie allein lösen unser Problem nicht.

Dass auch die Schwarzwild-Fangjagd, durchgeführt von Experten, für das Schwarzwild sinnvoll, für Problemgebiete zwingend notwendig sein kann und nicht „verteufelt“ werden sollte, hatte ich bereits vor einem Jahrzehnt ausgeführt.

Andere „Interessensgemeinschaften“, wie z.B. die der „Schweinehalter“ (ISN), „schossen“ da 2008 schon mit „stärkeren Kalibern“. Natürlich fürchten sie, in „unserem veredelungsintensiven Land“, ein erneutes Aufflackern der Schweinepest. Die neuen Schweinepestfälle im Jahr 2009 in Nordrhein-Westfalen (Rheinisch-Bergischer Kreis, Rhein-Sieg Kreis) und in Rheinland-Pfalz (Landkreise Ahrweiler und Pirmasens) scheinen auch ihre Befürchtungen zu bestätigen. Allerdings müssten sie auch wissen, dass fast alle in den letzten Jahrzehnten aufgetretenen „Schweinepestausbrüche“ nur allzu deutlich stärkere räumliche Verbindungen zu „Veredlungsbetrieben“ aufwiesen als zu Wildschweinvorkommen (vgl. u.a. KNOPF et al. 2002, KUKUSHIN et al. 2008, MOENNIG und PLAGEMANN 1992). Natürlich ist auch bekannt, dass verschiedene KSP-Virusstämme unterschiedliche Virulenz in verschiedenen Altersgruppen bei Wildschweinen besitzen und deshalb auch in manchen Landschaften persistieren können (vgl. u.a. KADEN et al. 1999, 2000, 2005, KNOPF et al. 2002, LIESS 1987, MOENNIG und PLAGEMANN 1992, VAN OIRSCHOT 1988).

Dennoch hätte die „Interessengemeinschaft“ ihr 10-Punkte-Programm besser auch auf „Bumerang-Wirkungen“ durchforsten müssen. Dieses verliert seine Wirkung schon deshalb, weil es Vorschläge enthält, wie z.B. die „Anti-Baby-Pille für Schweine“, die zwar unter den hoffentlich kontrollierten Bedingungen in einem Veredlungsbetrieb (z.B. für die tierschutzgerechte Kastration von Frischlingskeilern; ab 2009 Impfung statt Kastration am lebenden Frischlingskeiler) eingesetzt werden kann, unter Aufsicht erfahrener Tiermediziner, die jedoch auf mögliche Kollateralschäden in unserer freien Natur bisher in Deutschland noch nicht getestet wurde. Über 30 Jahre Erfahrungen mit „Anti-Baby-Pillen“ an sehr unterschiedlichen Wildtieren mit ökosystemaren Folgewirkungen von einigen „Geburts- und Fertilitätshemmern“ zeigen, dass deren Wirkungsspektren meist unkalkulierbar sind (vgl. u.a. BAI und SHI 2002, BELL und PETERLE 1975, BROWN et al. 2000, GIZEJEWSKI et al. 2008, MATSCHKE 1977, RUTBERG et al. 2004, POHLMEYER 2007).

Bei den „neuen Pillen“ wird allerdings nicht an das künstliche Ethinylestradiol in Kombination mit Gestagenen gedacht, da diese ja auch bei Sekundär-Konsumenten des Schwarzwildes und den „Normalverbrauchern“ überraschende Phänomene zeitigen könnten. Vielmehr stehen im Mittelpunkt der Diskussionen insbesondere „Gonadotropin Releasing Hormone“, die Östrogene und Testosteron unterdrücken, und unter anderem mit Erfolg in Australien zur „Sterilisation durch Impfung“ von Hausebern eingesetzt wurden. Während die Australier, die sicherlich bei Fragen der „pest animal control units“ sehr „handwerklich“ und „rustikal“ vorgehen, jedoch bereits vor Jahren feststellten, dass sie für die „Elimination ihrer Captain Cookers“ im australischen Busch nicht geeignet sind (u.a. Kosten/Nutzen; Sekundäreffekte), erfinden einige europäische „Spezialisten“ das Problem neu, greifen Ergebnisse von Kurzzeitstudien auf (vgl. u.a. MASSEI et al. 2008) und empfehlen vorschnell ihre Anwendung, zumindest in der Umgebung von urbanen Verdichtungsräumen. Hier finden sie auch meist vorschnelle Zustimmung bei einer „Stadtbevölkerung“, die sich zwar zunehmend auch aufregten über das von endokrin wirksamen Substanzen ausgehende Risiko, denen „Biopillen“ aber meist lieber sind als „Blei-Pillen“. MASSEI et al. (2008) kamen nach ersten Tests mit GonaCon zu der Feststellung: „GonaCon can be regarded as an effective, humane and safe contraceptive for managing wild boar population.“ Ohne zu erkennen, auf welch dünnem Eis diese Aussage steht, werden die Schlussfolgerungen bereits als Problemlösung angesehen.

Zu diesen, zumindest naturwissenschaftlich-technisch noch rational diskutierbaren „Radikalvorschlägen“ kommen irrationale Vorstöße aus dem Lager der „Gutmenschen“, Tierbefreier, Tierversuchsgegner, „frustrierte Sektierer“, „Veganer“ und „Winkelrieds für Tierrechte“ hinzu. Als unkalkulierbare Eruptionen, deren Kraft herrührt aus einem „Geschwulst“ von „Antijagd-Haltung“, „gestörter Persönlichkeitsentwicklung“, „Harmoniebedürfnissen“ und auch fehlender Anerkennung, erregen sie in regelmäßigen Abständen mediale Aufmerksamkeit und natürlich auch die Jäger.

Dummheit ist eine natürliche Begabung, die sich selbst nicht mit aus Gesamtzusammenhängen gerissenen Zitaten beliebter Natur- und Geisteswissenschaftler verschleiern lässt. Natürlich neigen wir dazu, insbesondere komplizierte Sachverhalte zu vereinfachen, damit sie von jedermann nachvollzogen werden können. Aber weder Alexander von Humboldt, „kein zweiter Name wurde so oft genutzt und missbraucht wie gerade dieser“ (KRÄTZ 1997), noch Friedrich Nietzsche, der bekanntlich auch feststellte, dass „größte menschliche Dummheiten aus Mitleid“ geschahen, werden sich ebenso wenig wie die auch einstmals jagenden Dichterfürsten Goethe, Schiller oder Heine gegen sinnentstellende Zitate z.B. der in Südwestdeutschland derzeit tätigen Jünger von „pro iure animalis“ oder die deutschlandweit agierenden Sektierer des „Universellen Lebens“ in ihrem Grab wehren können.

Natürlich darf man komplexe Sachverhalte, sofern man sie überhaupt versteht, aus unterschiedlichen Blickwinkeln betrachten, auch aus unterschiedlicher intellektueller Flughöhe analysieren und interpretieren, solange sie dadurch nicht verfälscht werden. Hüten sollte man sich aber davor, komplizierte Sachverhalte auch gleich noch selbst lösen zu wollen, wenn man die das Problem bedingenden Faktoren nicht begriffen hat oder nur aus einer erworbenen Grundeinstellung heraus das „Problem“ zu lösen versucht. Alfred Herrhausen hatte vor seiner Ermordung durch Terroristen festgestellt, „dass die meiste Zeit dadurch verloren geht, dass man nicht zu Ende denkt“.

Natürlich ehrt es viele „Jagd-Nein-Danke-Apostel“ und auch die „christlichen“ Schweinejagdgegner, dass sie angespornt werden „von der ethischen Vorstellung, dass allen Tieren ein gleiches Lebensrecht zusteht, wie es bisher nur dem Menschen gewährt wird“. Möglicherweise hat dazu ein Mohammedaner eine völlig abweichende Vorstellung. Aber sicherlich wandern die pro iure animalis Jünger nur auf den „footprints“ großer Vorbilder (u.a. CAVALIERI und SINGER 1994, SINGER 1992). Dabei können sie zumindest auf das Mitgefühl der Jäger rechnen, insbesondere wenn diese tagtäglich mitverfolgen können, wie die freie Natur von vielen „Gutmenschen“ instandbesetzt wird, von Menschen, die häufig die Folgen ihres Handelns nicht überblicken, auch weil es ihnen an naturwissenschaftlicher Bildung, an Nachdenklichkeit und Professionalität im Umgang mit der Natur fehlt, die aber fast immer davon überzeugt sind, dass alle anderen nur sie selbst nicht stören.

Natürlich gibt es unter den Jägern, wie unter Lehrern, Akademikern und vielen „Gutmenschen“, um mit Loki Schmidt zu sprechen „Sone und Solche“. Aber den meisten Jägern darf man getrost unterstellen, dass für sie richtige Jagd auch die tierschutzgerechteste Form des Fleischerwerbs ist, oder um mit dem ersten Präsidenten des Deutschen Naturschutzrings, Prof. Dr. Hans Krieg (1967) zu sprechen, „humaner ist als jene geschwätzige Weichlichkeit, die im westlichen Kulturkreis zur lieben Mode geworden ist“ (KRIEG 1967).

Die Gegner einer richtigen Jagd sind nicht ihre nachdenklichen Kritiker. Gegner sind diejenigen, die sich zum alleinigen Anwalt „grundlegender moralischer Prinzipien“ im Namen „nicht-menschlicher Tiere“ aufschwingen, die sich als „Herren und Sachwalter menschlicher Ethik und Moral“ vermarkten, die ökosystemgerechte Jagd in die Nähe von „Rassismus, Sklaverei und Unterdrückung der Frauen“ stellen, den von ihnen erfundenen „Speziesismus des Menschen der Tierwelt gegenüber“ als „schwärzestes Verbrechen“ brandmarken, die, wenn alle Argumente ausgegangen sind, auch noch versuchen, die heutige Jagd als „Relikt vergangener totalitärer Zeiten und des NS-Regimes“ zu diffamieren, bei alledem aber nur über ein eingeschränktes kultur- und geisteswissenschaftliches Wissen und vor allem völlig unterbelichtete biologische Kenntnisse verfügen.

Ein eigenständiges deutsches Jagdgesetz hätte es nach dem Willen der erklärten Jagdgegner Hitler und Goebbels auch nie gegeben. Das alte Reichsjagdgesetz von 1935 hatte viel ältere Vorläufer. Es stand auf Grundlagen, die von dem sozialdemokratischen preußischen Ministerpräsidenten Otto Braun (1872-1955), einem Mann mit Rückgrat, geschaffen wurden, entwickelte sich aus der während seiner Amtszeit entstandenen „Tier- und Pflanzenschutzverordnung“ (1929) zunächst zum Preußischen Jagdgesetz vom 18.1.1934. Beeinflusst von Scherping wurde es, z.T. fast wortgleich nach der Machtübernahme durch die Nazis als Reichsjagdgesetz am 1.4.1935 in Kraft gesetzt. Nazistisch war darin die verordnete einheitliche Organisation aller Jäger, „der Reichsbund Deutsche Jägerschaft“, mit der Zwangsmitgliedschaft für alle Jagdscheininhaber und ein schwülstiges Vorwort von Hermann Göring. Viele Verbände, und dazu gehören neben Fußball- und Karnevalsvereinen leider auch die Jagdverbände, neigen dazu, „mächtige oder scheinbar mächtige Politiker“ zu ihren Präsidenten zu „erwählen“; das hilft, solange die Politiker mächtig sind, und erspart kraftzehrende Auseinandersetzungen und Argumentationen. Das war der Grund, warum der hochdekorierte Jagdflieger des Ersten Weltkrieges, Hermann Göring, noch bevor er einen Jagdschein hatte, zum „obersten Jäger“ Deutschlands gemacht wurde.

Vielleicht tröstet es die Jagdgegner, dass Hitler ihnen ja doch als „Jagdverächter“ viel näher stand. Um den „Dicken“ zu ärgern, erließ er 1938 noch eine Verordnung, wonach die von der Jägerschaft gejagten Wilderer einen Sonderstatus erhielten. Selbst wenn diese erwischt und wegen Wilderei verurteilt wurden, verloren sie danach „keineswegs ihrer Mitgliedschaft in der NSDAP“.

Nach dem Jahrbuch der Deutschen Jägerschaft wurden in diesem denkwürdigen Jagdjahr (1937/38) im gesamten Deutschen Reich „nur“ 36448 Wildschweine erlegt; wir schafften es in der deutlich kleineren Bundesrepublik Deutschland im Jagdjahr 2001/02 auf 531887, im Jagdjahr 2007/08 auf 477494 Sauen.

Da der Nachteil der Intelligenz darin besteht, dass man ununterbrochen gezwungen ist, dazuzulernen, erscheint es deshalb geboten, die von den „Schweinejagdgegnern“ vorgetragenen „kritischen Feststellungen“ und die daraus abgeleiteten „krassesten Forderungen“ genauer zu beleuchten und argumentativ auseinanderzunehmen. Natürlich wird das keine innere Umkehr der Jagdgegner bewirken, da nach Marie von EBNER-ESCHENBACH „niemand Vernunft annehmen kann, der nicht schon welche hat“. Aber für eine aufgeklärte Gesellschaft sind nachvollziehbare Argumente, die Kenntnis naturwissenschaftlicher Sachzusammenhänge, transparente Optionen und Problemlösungen immer noch Voraussetzung für eine sachgerechte Standortfindung.

Ausgangspunkt der augenblicklichen Jagdhetze ist die „moralisch-ethisch nicht zu verantwortende Bejagung des Schwarzwildes“, wobei allerdings zu offensichtlich ist, dass es den Akteuren letztlich um eine „Natur ohne Jagd“ geht, getreu dem Motto von Jagdgegnern und Sektierern im Jahre 2002 in Berlin, Göttingen und anderen deutschen Städten. Sie ärgern sich natürlich darüber, dass trotz ihrer Aktionen die Freude am Jagen ungebrochen ist, trotz vieler Gängelungen durch „Dr. Wichtigs“, „Ethik-Alleinverwaltern“

und „Gutmenschen“ allein im Jahr 2007 über 349 500 Bundesbürger einen Jagdschein in Deutschland (darunter 10 % Frauen) lösten. Wer wie die Jäger sich zum Pluralismus bekennt, muss auch dulden können, manchmal auch akzeptieren, dass unsere Gegner ihre Gedanken auf Hochglanzpapier publizieren, obwohl sie gar nicht denken können. Es wird auch wenig nutzen, wenn wir ihnen mit Ludwig Börne (1786-1837) zurufen, dass „einen Wahn zu verlieren weiser macht als eine Wahrheit zu finden“. Es ist ihr Leben, vielleicht sogar ihr „universelles Leben“.

Durch die sorgfältigen vergleichenden Freilandstudien von Ch. Boesch an Schimpansen-Kulturen wissen wir auch, dass „mancher Mensch mehr von einem Affen hat als so mancher Affe“ (Friedrich Nietzsche).

Natürlich ist Jagd verbunden mit dem Töten von Tieren, aber sie ist heute kein Statussymbol mehr, auch nicht verkommen zur „reinen Hobby- und Freizeitbeschäftigung“. Jagd ist für uns Jäger nicht nur Aufsuchen und Verfolgen von Wild, um es zu erlegen, wie das Gesetz es definiert. Jagd ist für uns glückhaftes Erleben, fesselndes Einssein mit Landschaft, Wild und Zeit, ist kostbarer Augenblick in und mit der Natur, Aufblühen eines taufrischen Morgens, Vogelruf, Gefangensein im glitzernden Gewebe des Altweibersommers, ist Pirsch im Schattenspiel mondheller Nächte, ist Wissen, Nachdenklichkeit und Schönheit, Herbstnebelschwaden und Zeichen im Schnee. Jagd ist auch wildes, blutvolles Vorwärtsstürmen, Testen unserer abgestumpften Sinne an sinnesscharfem Wild, ist ständiger Kampf zwischen Leidenschaft und Vernunft, ist Lebensform (MÜLLER 2009). Wir Jäger müssen deshalb mehr wissen über die Folgen unseres Tuns als der nicht zum Handeln Gezwungene, als die vielen Wegschauer und Verdränger in unserer Gesellschaft. Das richtige Augenmaß zu finden, ist abhängig von Bildung, Erfahrung, Charakter und einer auf unserer Geschichte und den von uns akzeptierten Normen beruhenden Jagdkultur.

Viele Nichtjäger werden eine funktional begründete ökosystemgerechte Jagd akzeptieren, wenn da nicht die Lust und Leidenschaft wäre, die uns Jäger zutiefst antreibt. Es ist nicht die „Lust am Töten“, wie sie uns von den vermeintlich „moralisch-ethisch Überlegenen“ unterstellt wird; es ist die Lust am Jagen. Wir bekennen uns dazu. Ohne Passion erreichen wir kein Ziel, über das Passionslose nur schwadronieren. Für diejenigen, die Jäger nicht verstehen oder verstehen wollen, hoffen wir, dass sie wenigstens ihre Existenz einem glücklichen, passionsgeladenen Moment ihrer Eltern verdanken. Wir Jäger wissen, im Gegensatz zu vielen unserer Kritiker, dass wir nicht perfekt sind, dass wir immer weiter an uns arbeiten müssen. Aber weil wir das tun, weil wir wissen, dass die Zukunftsfähigkeit unserer Jagd bestimmt wird von einer kontinuierlichen Verbesserung unserer Wissensbasis, von Professionalität, aber auch von Nachdenklichkeit über unser Tun und unseren Charakter, sind wir stolz darauf, Jäger zu sein.

Die öffentliche Diskussion ist derzeit sicherlich besonders stark angeheizt. Sie wird von Horrorszenarien-Erfindern und Antijagd-Gruppen weiter geschürt; und die Bauern, die selbst ein Teil des Problems sind, werden, wenn es sein muss, auch mit Traktoren und Mistgabeln, wie gerade im Februar 2009 in Lothringen geschehen, durch politisch wirksame Protestzüge deutlich machen, dass nur die Jäger an der „Schweinemisere schuld sind".

Wir sollten bei alledem klaren Kopf behalten, aber vorurteilsfrei überprüfen, wie weit die Jagd selbst das „Problem" sein kann, wo und wie wir umsteuern müssen, ob wir und inwieweit wir die von der Wissenschaft seit Jahrzehnten geforderten Maßnahmen für eine effiziente Zuwachskontrolle in unserem jeweiligen Verantwortungsbereich umgesetzt haben (MÜLLER 2009). „Effective population control of wild boar should target a high harvest rate of piglets and reproductive females" (TOIGO et al. 2008). Dazu ist allerdings auch eine vorurteilsfreie Überprüfung der primären Ursachen für die enormen Populationsanstiege des Schwarzwildes, die ja bekanntlich nicht auf Deutschland oder einzelne Bundesländer beschränkt sind, zwingend erforderlich.

In Rheinland-Pfalz wurde 2008 vom Landesjagdverband, dem Ministerium für Umwelt, Forsten und Verbraucherschutz, der Interessengemeinschaft der Jagdgenossen und Eigenjagdbesitzer, dem Bauern- und Winzerverband sowie dem Gemeinde- und Städtebund ein „12-Punkte-Programm zur Bekämpfung der klassischen Schweinepest und zur Reduzierung überhöhter Schwarzwildbestände" für die Jagdjahre 2007/2008 und 2008/2009 beschlossen, das auch den Einsatz von Frischlingsfallen vorsieht.

„Bei engagierter und tierschutzgerechter Betreuung hat sich der Einsatz von Frischlingsfallen bewährt. Die Störeffekte auf Schwarzwild bzw. Rotwild sind gering, die Effizienz hoch. Der Einsatz wird dort, wo überhöhte Schwarzwildbestände und erhöhte Seuchengefahr feststellbar sind, unterstützt. Im Rahmen vorhandener Haushaltsmittel werden die Fallen vom Land beschafft ... Der Landesjagdverband Rheinland-Pfalz wird den Umgang mit Frischlingsfallen im Rahmen der angebotenen Fangjagdseminare lehren."

Der Einsatz von „Frischlingsfallen" ist jedoch, wie wir noch ausführen werden, nur an bestimmten „Problemstandorten" sachlich sinnvoll, und wer sie einsetzen muss, sollte auch wissen, dass er die zu den Frischlingen gehörende Bache auch mitfangen und töten muss. Der moderne Jäger ist aber dafür bekannt, dass er aus Entfernung tötet. Seinem moralischen Kompetenzumfang ist deshalb diese Form von „Wildlife-Management" meist zuwider.

Versuche, die primären Ursachen der steigenden Populationsentwicklungen allerdings vergleichend im gesamten Areal unseres Wildschweines zu analysieren, prioritäre Einflussfaktoren von sekundären zu trennen und erst danach lokale Einflüsse, die das Problem verstärken oder minimieren, zu bewerten, fehlen bisher weitgehend. Da Wild- und Haus-Schweine zu den am besten untersuchten europäischen Tieren gehören, mit denen wir allerdings in sehr unterschiedlicher Weise emotional „verbunden sind", sind vergleichende Analysen längst überfällig. Aber eine stringente Verknüpfung vorliegender Untersuchungsergebnisse aus Freilandbeobachtungen, experimentellen, insbesondere physiologisch-reproduktionsbiologischen Analysen und molekulargenetischen Befunden wurde meist versäumt. Persönliche Erfahrungen, anekdotenhafte Beobachtungen, wissenschaftliche Daten und Einstellungen unterschiedlich betroffener Grundbesitzer, Bauern, Förster, Wald- und Feldjäger sowie „Jagdgegner" verdecken in vielen Fällen die gerade auch durch neuere Arbeiten sichtbar gewordenen Überlebensstrategien und Anpassungspotentiale des Schwarzwildes, Fähigkeiten, die es ihm ermöglichten, sich erfolgreich gegen verschärften Jagddruck, zunehmende Flächennutzungskonkurrenz, Verkehrstraßen und die „Instandbesetzung" der freien Landschaft zu behaupten. Hinzu kommt, dass es nur wenige ökosystemar angelegte Freilanduntersuchungen (über zwei Jahrzehnte) gibt, die wesentliche Zusammenhänge und Trends erkennen lassen. Die heute üblichen „6-Monats-Diplomarbeiten" oder „2-Jahres-Dissertationen" führen fast nie zur Lösung anstehender Freiland-Ökologie-Probleme. Sie erschweren sie sogar in vielen Fällen, da viele Kandidaten nicht davor zurückschrecken, ihre entwickelten Meinungen als „Wahrheiten“ zu verkaufen.

Deshalb ist es notwendig, zunächst die Indikatoren für Anpassungspotentiale und -strategien von Sus scrofa genauer zu beleuchten, bevor wir über ein sicherlich notwendiges Bündel jagdlich intelligenter und effizenterer Strategien zur lokalen und/oder regionalen Problemminimierung sachdienliche Entscheidungen treffen können.

Es ist dabei auch notwendig die das Populationsgeschehen steuernden ökosystemaren Faktoren genauer zu beleuchten. Das ist gerade heute zwingend notwendig, wo wir uns z.T. daran gewöhnt haben, dass bei jedem Phänomen zunächst nur nach menschlichen Einflussfaktoren und Fehlern gesucht wird. Das gilt bekanntlich für das Klima ebenso wie für unsere Wildschweine. Naturphänomene lassen sich jedoch nur verstehen, wenn wir sie vorurteilsfrei über größere Räume und Zeiteinheiten vergleichend analysieren.

2. Indikatoren für Anpassungspotential und Überlebensstrategien unseres Schwarzwildes.

2.1 Arealsystem als Indikator für das Anpassungspotential von Sus scrofa.

Ein Blick auf die ursprüngliche Verbreitung und die Arealdynamik unseres Schwarzwildes zeigt, dass wir es beim Wildschwein mit einem Anpassungskünstler an unterschiedliche Lebensräume mit z.T. stark schwankenden Umweltfaktoren und an effizient jagende Großraubtiere zu tun haben. Keine andere Schalenwildart besitzt ein mit dem Schwarzwild vergleichbares, fast an Nagetiere erinnerndes Reproduktionspotential, was sie übrigens mit ihrer im Miozän auch in Europa, heute allerdings nur noch in Süd- und Nordamerika vorkommenden Schwestergruppe, den Pekaris (vgl. THEIMER und KEIM 1998), gemeinsam haben. Dieses Regenerationspotential ist es, was Populationsverluste schnell ausgleichen kann.

Gewaltige Keiler ziehen noch heute ihre Fährte weit entfernt von Europa im äußersten Osten Eurasiens, in den endemitenreichen Wäldern Ussuriens (vgl. KURENCOV 1965) und der Mandschurei, gemeinsam mit den letzten Amurtigern, Braunbären, Luchsen und Wölfen. Die großen Prädatoren bewirkten, zusammen mit strengen, häufig schneereichen Wintern und z.T. jährlich erheblich schwankenden Nahrungsressourcen, eine scharfe Selektion und begrenzten den Zuwachs (BASKIN und DANELL 2003). Sus scrofa lebte bereits im Würmglazial auf der zentralen Insel Japans (Honshu; vgl. WATANOBE et al. 1999), hat ebenso erfolgreich Taiwan besiedelt, wo der dortigen Inselrasse auch noch heute „Aborigines“ mit Stahlschlingen nachstellen (MÜLLER 1997) und die Naturschutzbehörden, in Sorge um ihre endemischen Swinhoe- und Mikado-Fasanen, die offiziell verbotene Jagd zumindest in Modellregionen wieder zulassen. Sus scrofa bewohnt die Tropen von Vietnam, Thailand und Burma, kommt auf der Malayischen Halbinsel und auf Sumatra gemeinsam mit Sus barbatus vor (CORBET und HILL 1992), einer Art, mit der sie sich in Gehegen fertil kreuzen lässt (GROVES 1981). In Java lebt sie gemeinsam mit dem dortigen Java-Pustelschwein

(Sus verrucosus; vgl. BLOUCH und GROVES 1990, HARDIASAMITA 1987), ohne sich allerdings mit diesem zu vermischen. Sus scrofa kommt auch auf Flores und den Salomonen vor, besiedelt weite Teile von Malaysia bis nach Sri Lanka und Indien. Die Art hat Nordafrika (Marokko, Tunesien, Algerien, nördl. Lybien), Syrien, den Irak, den Iran, Afghanistan (vgl. u.a. TISCHOFF 2002) und Pakistan, das gesamte Europa, von Spanien (vgl. u.a. ABAIGAR 1992, LOPES und BORGES 2004) bis nach Schweden, Südnorwegen und Südfinnland, Russland, Korea und die Mongolei besiedelt. In Großbritannien, wo es im Postglazial über den im Pleistozän trockenen Ärmelkanal eingewandert war, wurde das Wildschwein vor etwa 700 Jahren ausgerottet (RACKHAM 1986, GOULDING 2001, STUART 1976), doch kam es immer wieder zu kleineren „Rückbürgerungen" im südlichen England.

Das Artenmannigfaltigkeitszentrum, was nur Indikator für die genetische Plastizität der Gattung Sus ist, liegt heute mit 10 Arten (Sus barbatus, Sus bucculentus, S. cebifrons, S. celebensis, S. heureni, S. philippensis, S. salvanius, S. scrofa, S. timorensis und S. verrucosus) in Südostasien.

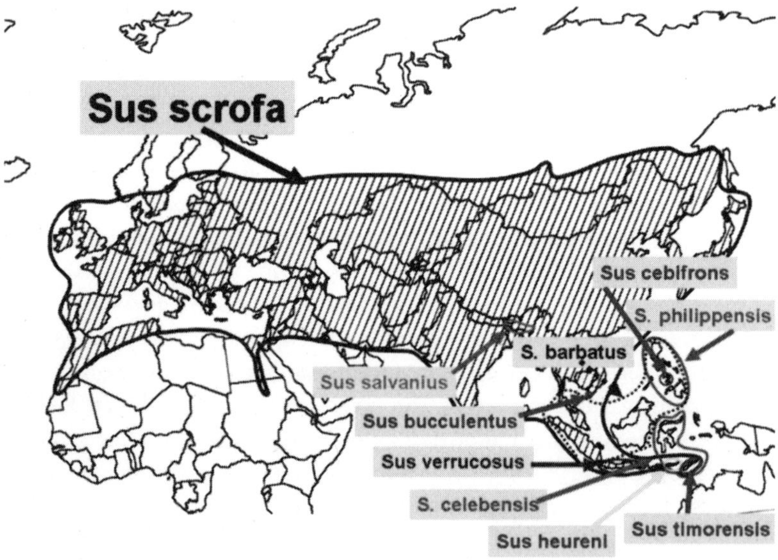

Arealsystem unseres Wildschweines und Artenmannigfaltigkeitszentrum der Gattung Sus in Südostasien. Schwarzwild wurde in Großbritannien und dem nördlichen Dänemark ausgerottet; in Finnland kommt es heute bis nach Oulu vor.

Die Nordgrenze unseres Wildschweins wird durch strenge schnee- und eisreiche Winter bestimmt, durch Dauerfrostböden, damit verbundener Nahrungsknappheit und hoher Frischlingsmortalität (vgl. u.a. AZAROV und KLIMOV 1990, BROMLEY 1964, DANILKIN 2002, DUROV 1987, FADEEV 1988, 1993, GORELOV 1994, KOZLO 1975, LAVROVSKY 1952, LEBEDEVA 1956, NASIMOVICH 1955, SMIRNOW 1994, SOBANSKY 1992, SOKOLOV und BASKIN 1984, SOKOV 1993, TIMOFEEVA 1975, VATOLIN 1980). Gleiches gilt für ihre Höhengrenze im Himalaya oder in den Alpen, die gegenwärtig je nach Exposition im Sommer in 2400 Metern Höhe liegt. Die Südgrenze des Arealsystems von Sus scrofa ist eine Trockenheitsgrenze, die durch Wassermangel bestimmt wird. Die Wüstengebiete Nordafrikas, der Arabischen Halbinsel und des südlichen Syriens und des Iraks sowie breite Ozeane und Meeresstraßen stellen Verbreitungsbarrieren dar.

Innerhalb des großen eurasiatischen Areals lassen sich mehrere geographische Rassen unterscheiden, die z.T. auch durch molekulargenetische Befunde als phylogenetische Einheiten verstanden werden können. Diese Differenzierungen sind überwiegend auf die Trennung ursprünglich zusammenhängender Populationen durch pleistozäne, insbesondere würm- und postglaziale, Separationen zu erklären.

Schwarzwild kann verwundet oder in die Enge getrieben bekanntlich zum „wehrhaften Wild“ werden, weshalb in fast allen Kulturen die Erleger insbesonders kapitaler Keiler hohes Ansehen in den jeweiligen Gesellschaften besaßen. Homer berichtete von einem Keiler, den die Jagdgöttin Artemis aus Rache den Menschen sandte, um deren Felder und Weingärten bei der Stadt Kalydon zu verwüsten. Von 40 Helden wird in Ovids Metamorphosen berichtet, die diesen Keiler jagen wollten. Im Kampfgeschehen tötet sogar ein „Held“ einen anderen, bis Atalante, die einzige Frau unter den Jägern, ihren Pfeil in den Keiler jagt, der waidwund von Meleager abgefangen wird. Unter den zwölf „unlösbaren“ Aufgaben, die Herkules gestellt wurden, war auch der Fang des Erymanthischen Keilers. Bekanntlich löste er diese Aufgabe, und als er mit dem „gefesselten Keiler“ auf den Schultern vor König Eurystheus trat, versteckte sich dieser in einem eisernen Fass. Ein Hauch der „Heldentaten“ wirkt bis in die Gegenwart, obwohl die Erlegung eines Keilers mit einem modernen Jagdgewehr sicherlich keine Heldentat mehr ist. Dennoch sind starke Keilerwaffen „Trophäen", die Jägerherzen schneller schlagen lassen. Als mir der frühere „Vorsitzende des Zentralrates des Bulgarischen Jäger- und Anglerverbandes und damalige Vizepräsident des C.I.C", Generalleutnant Christo Ruskow, am 27. August 1985 die „Waffen" des von ihm bei Burgas gestreckten Keilers (150,30 CIC-Punkte) stolz präsentierte, war auch ich beeindruckt. Als er mir aber auch in einem goldenen Becher der Thraker die Bleibatzen zeigte, die beim Abschwarten des Bassen zutage befördert worden waren, wurde ich nachdenklich.

Die stärksten Keilerwaffen (über 30 cm) westlicher Subspezies (S. scrofa scrofa, S. c. attila, S. s. barbarus, S. s. lybicus, S. s. moupinensis, S. s. nigripes) wurden gemeldet aus Bulgarien, Rumänien, dem früheren Jugoslawien, Tschechien, Russland, Ungarn, Polen, dem Iran und der Türkei. Auch in Indien und Pakistan wurden Keiler mit Hauern über 30 cm gestreckt (Subspezies cristatus, adamanesis, nicobaricus).

Solche gewaltigen Keilerwaffen können allerdings auch verwilderte Hauseber in Australien, den USA oder Neuseeland aufweisen, vorausgesetzt sie werden alt genug (einzelne Individuen von Sus scrofa können zumindest in Gefangenschaft über 20 Jahre erreichen), besitzen optimale Ernährung und brechen sich Hauer und Haderer nicht beim Wühlen in einem harten oder steinreichen Oberboden ab. Die regionale Verteilung der Goldmedaillen-Keiler zeigt auch, dass die Stärke der Gewehre keineswegs mit den Durchschnittsgewichten der unterschiedlichen Rassen korreliert ist.

Im Norden begrenzt durch Schnee- und Eis-, im Süden durch Trocken-Wüsten, mussten sich Wildschweine in ihrem Arealsystem immer auseinandersetzen mit klimatischen Extremen und mit Großraubtieren, die kontinuierlich für Anpassung sorgten. Wölfe (vgl. u.a. STUBBE 2008), Luchse und Bären jagten sie in der gemäßigten Klimazone (JEDRZEJEWSKA und JEDRZEJEWSKI 1998), und im tropischen Asien waren sie Beutetiere für Tiger, Leoparden, Nebelparder, Kragenbären oder Rothunde. Diese sorgten dafür, dass in den für das Schwarzwild idealen Klimazonen, trotz hoher Reproduktionsraten, die Populationen nicht zum Risiko für die regionaltypische Biodiversität werden konnten. Allerdings zeigen alle populationsökologischen Arbeiten aus dem gesamten Arealsystem von Sus scrofa, dass der entscheidende, die Populationshöhe begrenzende Faktor die verfügbare Nahrungsmenge ist. Diese wird in den meisten Gebieten ihres Areals gesichert durch masttragende Bäume, eine je nach Waldsukzessionsstadium nahrhafte Krautschicht, durch Pilze und, je nach Gebiet und Bodentyp, durch eine unterschiedlich reiche tierische Biomasse. In weiten Gebieten des Areals von Sus scrofa, sowohl in China und Japan als auch in Europa, kommen verschiedene Buchen- und Eichen-Arten vor.

Die hohe Plastizität der Reproduktionsrate des Schwarzwildes kann als Populationsgarantie und auch als biologische Antwort auf erheblichen Prädationsdruck und starke Populationseinbrüche bei schwankenden Umweltfaktoren verstanden werden. Wo die natürlichen Räuber fehlten oder ausgerottet wurden, Nahrung in ausreichenden Mengen zur Verfügung stand, zugleich extremes Klima oder Seuchengeschehen die Frischlingsmortalität nicht steuerten, wurde das Schwarzwild in vielen Teilen der Welt zu einem Problemtier, z.T. zu einem „pest animal". Das war und ist besonders auf den Inseln im Pazifik der Fall, wo verwilderte Hausschweine, die erstmals Captain Cook (ab 1769) zur Verbesserung des „Fleischproviantes" zurückließ (u.a. Australien, Neuguinea, Neuseeland, Mauritius), z.T. verheerende Schäden unter den häufig endemischen Faunen anrichteten, in Süd- und Mittelamerika (u.a. Costa Rica, vgl. SIERRA 20ß01; Argentinien, Uruguay) oder in einigen Staaten der USA (vgl. u.a. MAYER 1983). Das Schwarzwild ist auch in unseren Breiten ein meist unterschätzter Mortalitätsfaktor für Niederwildarten (u.a. Rehkitze, Junghasen) und Bodenbrüter (u.a. Waldschnepfe, Fasan, Rebhuhn, Kibitz, Großtrappe).

Begünstigt durch mildere Winter, ganzjährig verfügbare Nahrungsressourcen und insbesondere die Häufung von Mastjahren, nicht zuletzt aber auch durch anthropogene Einflussfaktoren (u.a. ganzjährige Verfügbarkeit von Nahrung durch landwirtschaftliche Flächennutzung; Fütterungen; falsche und zögerliche Bejagung; künstliche Bewässerungen in Steppen und Halbwüsten) weitete Sus scrofa seit den 60er Jahren sein Areal nach Norden, Süden (vgl. u.a. VOLOKH 2008, WOLOCH 2007) und in die alpinen Zonen der Gebirge (u.a. HAUSSER 1995) erheblich aus. Gleichzeitig zeigten sich verstärkte Urbanisierungstendenzen. Die intelligenten Tiere hatten bei steigendem Jagddruck schnell erkannt, dass es sich in städtischen und anderen Jagdruhezonen hervorragend leben ließ. Zwangsläufig waren damit jedoch vermehrt Konflikte mit Homo sapiens vorprogrammiert, zerwühlte Friedhöfe und Vorgärten, zunehmende Verkehrsunfälle unter Beteiligung von Wildschweinen, Seuchenrisiken durch verstärkte Interaktionen zwischen Wildschweinen und ihren domestizierten Verwandten.

Bei alledem sollten wir aber uns auch daran erinnern, dass Wildschweine schon länger in Deutschland ihre Fährte ziehen als der „moderne Mensch“. Die Gattung Sus ist seit dem Pliozän bekannt. In jeder wärmeren Zwischeneiszeit lebten sie in Deutschland, immer wieder nach Kaltzeiten einwandernd aus dem Mittelmeerraum (DELPECH 1975, KOENIGSWALD 1978). Im Mittelpleistozän durchwühlen bei Süßenborn, Mauer, Mosbach oder Gombasik nahe Verwandte des Erymanthischen Keilers mitteleuropäische Wälder (vgl. u.a. HÜNERMANN 1969, KURTEN 1968, NIETHAMMER und KRAPP 1986). Schon damals trotzten sie den Nachstellungen durch Homo erectus oder später durch den Neandertaler. Wer so lange hier schon lebt, wer unsere Vorfahren überlebte, extreme Klimaschwankungen, Kriege, Revolutionen und den Flächennutzungswandel der Neuzeit, der kann kein „dummes Schwein“ sein.

2.2 Sozialsystem als „Waffe“ gegen Prädation.

Bekanntlich sind Wildschweine in „Sozialverbänden“ lebende Tiere. Das reduziert sicherlich die Frischlingsmortalität auch bei Präsenz effizienter Beutegreifer. Die Rotte bildet ein Schutzschild, das der einzelne Frischling nicht besitzt. Dennoch führen natürliche Prädationseingriffe fast immer zu einer verstärkten Reduktion der Jugendklasse. Selbst für Wölfe und Bären, insbesondere aber für den Luchs, sind ältere Bachen und starke Keiler, wenn überhaupt, dann nur seltene Beutetiere.

Enge genetische Familienbande sorgen zusätzlich unter den weiblichen Mitgliedern für bemerkenswerte Verstärkung sozialer Allianzen. Allerdings bringt das Zusammenleben in einer Rotte nicht nur Vorteile. Die Ausbreitung von durch Viren oder Bakterien hervorgerufenen Krankheiten kann z.B. schneller verlaufen. Sofern kein intensiver Genaustausch „programmiert“ ist, könnte auch das Leben in einer Rotte, als „abgeschlossener Populationseinheit“, einen Inzuchtseffekte begünstigenden „Flaschenhals“ bewirken. Evolutive Prozesse sind bekanntlich unbarmherzig, aber fast immer effizient.

An unterschiedliche Umweltfaktoren und deren Schwankungen angepasste Sozialsysteme sichern vor Feinden und kompensieren durch diese bewirkte Populationseingriffe.

Die verbreitete „Vorstellung“, dass die Mitglieder einer Rotte mehr oder weniger genetisch eng verwandt sind, könnte eine solche Annahme sogar stützen.

Allerdings zeigten populationsgenetische Analysen der letzten Jahre in vielen Gebieten Europas, dass diese immer wieder publizierten Annahmen schlicht falsch sind, zumindest nicht für alle Sozialverbände gelten. Auch sorgfältige Beobachter von Schwarzwildrotten konnten, sofern sie nicht alle Rottenmitglieder sichtbar markierten, nicht verfolgen oder ahnen, was in Nacht und Nebel wirklich passierte.

Bereits in früheren Chromosomenzahl-Studien stießen Wissenschaftler auf das Phänomen, dass innerhalb der europäischen Schwarzwildpopulationen unterschiedliche Chromosomensätze auftraten (36, 37 und 38 Chromosomen). Das deutete bereits auf einen hohen genetischen Polymorphismus, eine Annahme, die durch moderne molekulargenetische Analysen seit Anfang der 90er Jahre abgesichert wurde (vgl. u.a. RANDI, MASSEI und GENOV 1992), die von einzelnen Autoren sogar auf „cross-breeding with domestic pigs“ zurückgeführt wurde. Durch Verbesserung der individuellen Unterscheidungsmöglichkeiten (u.a. Mikrosatelliten-Analysen) konnte jedoch in vielen Populationen der Nachweis erbracht werden, dass dieser hohe Polymorphismus auf einer viel stärkeren Durchmischung innerhalb lokaler nur scheinbar in völlig getrennten Aktionsräumen lebender Rotten begründet war. Nach der derzeitigen Datenlage zeichnet sich allerdings ab, dass „ungestörte“ Populationen (auch von verwilderten Hausschweinen; vgl. GABOR et al. 1999) geringere Durchmischungen mit benachbarten Populationen aufweisen als solche, in denen jagdliche Mortalität stärkere Strukturveränderungen erzwingt.

Auch von uns in zwei Naturräumen Deutschlands und in einem großen Schwarzwildgatter durchgeführte molekulargenetische Analysen an Rottenverbänden zeigten, dass in diesen ein hoher genetischer Polymorphismus vorhanden ist, und dass unterschiedliche Herkünfte der Rottenmitglieder in den untersuchten Gebieten als gesichert angesehen werden dürfen.

Molekulargenetische Analysen von Schweineborsten erlauben bekanntlich die individuelle Unterscheidung jedes einzelnen Rottenmitgliedes. Mit ihrer Hilfe lässt sich auch die genetische Struktur von Schwarzwildpopulationen sehr gezielt aufklären, sofern es gelingt, raumzeitlich definiertes Probenmaterial zu erhalten. Um dieses Ziel zu erreichen, wurden von uns Kirrplätze in verschiedenen Revieren (u.a. im Nördlinger Ries) mit Stacheldrahtzäunen abgetrennt, die ein Durchschlüpfen des Schwarzwildes zwar ermöglichten, aber nur unter Zurücklassung von individuellem „Borstenmaterial". Das wurde in kurzen Zeitabständen abgesammelt und analysiert (Mikrosatellitenanalyse). Natürlich lassen sich mit dieser Methode auch Hinweise auf die Populationsdichte ermitteln (HEISER 2007), interessanter sind jedoch die damit erschließbaren Informationen zur genetischen Populationsstruktur.

Insbesondere in Gebieten mit hohem Jagddruck schließen sich die „überlebenden Rest-Rotten", bei wechselseitiger Akzeptanz, sehr schnell zusammen. Sie sorgen dafür, dass auch die mitochondriale DNA in diesen neuformierten Rotten eine große Breite aufweist, die keineswegs auf eine einzige Ururgroßmutter zurückgeht. Die Vorstellung, dass die Mitglieder innerhalb einer Rotte untereinander eng verwandt sein sollten, was immer wieder von einigen „Schwarzwildexperten" publiziert wird, wurde durch populationsgenetische Analysen gründlich revidiert. Hoher genetischer Polymorphismus, wie er gerade durch Durchmischung der Rotten zustande kommt, kann nicht nur durch einzelne, „fremde" Keiler begründet werden. Hoher genetischer Polymorphismus verbunden mit hoher Reproduktionsrate sichert aber einer Population auch hohes und vor allem schnelles Anpassungspotential an sich ändernde Umweltbedingungen, letztlich auch die Ausbildung von Resistenzen gegen bestimmte Erkrankungen. Die Tatsache, dass bestimmte KSP-Virus-Stämme einen unterschiedlichen Krankheitsverlauf bei verschiedenen Wildschweinpopulationen hervorrufen (bis hin zu weitgehender Resistenz), lässt sich nur über diesen hohen genetischen Polymorphismus verstehen.

Natürlich kennen wir aus zahlreichen Freilandbeobachtungen und Telemetriestudien das Phänomen, dass bestimmte Rotten definierte, meist zeitlich, aber auch räumlich getrennte Aktionsräume benutzen (MÜLLER 1998, 2000, 2001). Dass dabei erfahrene, meist ältere Bachen die Rotten „führen" und auf die jüngeren Rottenmitglieder disziplinierend wirken, wurde meist auch als Indikator für direkte genetische Familienverwandtschaft gedeutet, da dieses Verhalten ja üblicherweise auch direkt zwischen Bachen und ihren „eigenen" Frischlingen beobachtet werden konnte. Die Tatsache, dass im Rottenverband existierende Frischlinge auch bei fremden Müttern gesäugt werden können, zeigt aber, dass der evolutive Vorteil eines sozialen Populationsverbundes auch individuellen und familiären Egoismus, jedenfalls bei den Schweinen, weitgehend überwinden kann.

Dennoch existiert innerhalb der Rotten eine strenge soziale Ordnung, die bereits bei den Frischlingen ausgefochten wird. Sozial dominante Frischlinge sichern sich bereits in den ersten beiden Lebenswochen die stärksten Milchzitzen bei der Bache, und die Saugordnung bleibt im Allgemeinen fast während der gesamten Säugeperiode erhalten.

Viele neuere Studien zeigten, dass unter Jagddruck Rottenverbände nach „Zerschlagung" zunächst in ihrem Raum-Zeit-Verhalten dynamisiert, danach allerdings wieder neu „geordnet" und strukturiert werden (KEULING 2009). Aber, und das macht letztlich die Faszination der Biologie aus, einzelne Bachen und Rotten passen in kein Schema, besitzen ihre „Individualität", die „Wissenschaftler", die bekanntlich gerne nach allgemeinen Regeln und Modellvorstellungen suchen, schon zum Verzweifeln bringen kann.

So beobachteten wir in der Zeit vom 20. Juni 1988 bis 6. Juli 1988 an der deutsch-französischen Grenze im saarländischen Warndt (Lauterbach) eine „gut geführte Rotte", deren Leitbache von uns Monate vorher gefangen und telemetriert wurde und deren Aktionsraum auf den Wald konzentriert schien (ca. 1 800 Hektar). Am 7. Juli führte die „Leitbache" die Rotte zunächst zu einem isolierten Haferfeld im Wald, danach in einen großen Haferschlag östlich von Lauterbach. Am 9. Juli wurde die Rotte in einem fast 7 Kilometer entfernten Haferfeld bei Differten beobachtet. Dort wurde sie beschossen, was offensichtlich bewirkte, dass sie am 10. Juli ihren Tageseinstand im Wald nicht verließ. Am 12. Juli richtete sie Schäden in ca. zwei Kilometern vom Waldeinstand entfernten Haferfeldern an. Danach folgte ein unstetes Wanderverhalten (14. bis 20. Juli) zu weit abgelegenen Haferfeldern. Die Tageseinstände wurden jedoch immer im Wald eingenommen. Eine andere Rotte im westlichen Teil des Wildschutzgebietes Warndt verlagerte während der Maisreife ihren Aktionsbereich fast gänzlich in einen großen, zusammenhängenden Maisschlag am Rande des Waldes, mit entsprechenden Schäden. Am 24. August 1987 wurde ihre „besenderte" Leitbache angeschossen, aber nicht gemeldet. Die jeweiligen

Wundbetten der Bache wurden von meinem damaligen Mitarbeiter Herbert Carius am 25. und 26. August als „außergewöhnliche Tageseinstände“ telemetriert. Am 28. August 1987 wurde diese Leitbache um 7.05 Uhr mit Gescheideschuss am Rande des staatlich eingerichteten Wildschutzgebietes aufgefunden. Die Rotte teilte sich danach in mindestens drei Einzelverbände auf, die in der Folgezeit in unregelmäßigen Abständen im Mais zu Schaden gingen (MÜLLER und CARIUS 1998) und sich zwei Monate später zwei anderen Rottenverbänden anschlossen.

Während in diesem Falle ein ehemals großer Rottenverband (n = 34 Mitglieder) sich auflöste, können sich einzelne Bachen mit und ohne Frischlinge anderen Verbänden anschließen, wenn sie von diesen akzeptiert oder geduldet werden und sich einfügen. Selbst dort, wo ältere Bachen „ausgefallen“ sind, ordnen sich die jüngeren Rottenmitglieder neu, wobei ein Überläufer oder sogar ein Frischling die „Führung“ übernehmen kann. Wer die „Führung“ in solchen jugendlichen Rotten übernimmt, kann vom außenstehenden Beobachter meist nicht prognostiziert werden. Das „Los“ scheint aber auf den Frischling oder Überläufer zu fallen, der sich auch bei den jugendlichen Rangeleien als dominant erwiesen hat.

Die durch molekulargenetische Methoden aufgeklärten Durchmischungen zwischen unterschiedlichen Rottenverbänden garantieren einen hohen genetischen Polymorphismus in den Freilandpopulationen und beugen damit Inzuchterscheinungen vor, die bei Gehegehaltung des Schwarzwildes bekanntlich häufig auftreten (vgl. u.a. ERNST und FEUEREISEL 2007).

Als vorteilhaft für populationsgenetische Untersuchungen von Wildschweinen hat sich die Tatsache erwiesen, dass durch die primären wirtschaftlichen Interessen in der Hausschweinezucht auch die Wirkungszusammenhänge und Kinetik zwischen einzelnen Genen und der Physiologie bzw. Morphologie der Schweine teilweise aufgeklärt werden konnten. Die kompletten mitochondrialen DNA-Sequenzen des Schweines wurden bereits 1998 analysiert (URSING und ARNASON 1998). Nicht alle Schweine werden fett, wenn man sie mit Eicheln oder Mais füttert. Das kann auch z.B. mit dem LEP Gen und dessen Funktion zusammenhängen. Das Gen ist auf Chromosom 18 lokalisiert (BIDWELL et al. 1997, SASAKI et al. 1996) und beeinflusst den Fettanteil (HOUSEKNECHT et al. 1998).

Fruktifizierende Eichen und Buchen ziehen das Schwarzwild magisch an. Bei einer in Mastjahren üblichen Produktion von 2000 bis 12000 kg Eicheln/ha/Jahr verlieren mit trockenem Mais beschickte „Kirrungen“ ihre Anziehungskraft, und die Strecken sinken.

2.3 Gewichtszunahme und Frühreife als Mittel gegen Populationsverluste.

Im Gegensatz zu allen anderen Schalenwildarten lässt sich beim Schwarzwild, zumindest für die beiden ersten Lebensjahre, das Alter erlegter Wildschweine postmortal sehr genau (auf zwei bis drei Monate) bestimmen.

Gewichtsentwicklung und Fertilität zeigen in den ersten beiden Jahren bemerkenswerte regionale und individuelle Unterschiede, die von der zur Verfügung stehenden und erreichbaren Nahrungskapazität, aber auch von der genetischen Konstitution und sozialen Situation der Frischlinge abhängen.

Alter und Gewicht sind beim Schwarzwild nicht stramm korreliert. Ein noch „Streifenmuster" tragender Frischling wurde markiert. Als er fünf Monate später erlegt wurde, brachte er 64,3 Kilogramm auf die Waage.

Deutlich sichtbar werden diese Phänomene bei Frischlingswürfen, deren Entwicklung mit oder ohne Bache im Gatter verfolgt werden kann.

Während in einem Wurf sogar noch im vierten Monat nur geringe Gewichtsunterschiede zwischen den Geschwistern, ja sogar zwischen Keilerchen und Frischlingsbachen, vorhanden sind, treten in einem anderen Wurf bereits Gewichtsabweichungen von über 10 Kilogramm auf. Bei dem ausgeprägten „Futterneid“ aller Altersstufen und auch der Frischlinge sichern sich die dominanteren Tiere nicht nur die qualitativ ergiebigsten Milchzitzen bei der Bache, sondern auch bei der Aufnahme im Lebensraum fressbarer natürlicher Biomasse die besten Futterplätze.

Frischlinge ohne Bachen-Kontrolle kümmern in ihrer Entwicklung, überleben jedoch milde Winter (MÜLLER 2007). Frischlinge, die lange gesäugt und im Rottenverband integriert sind, können mit 7 bis 8 Monaten bereits über 40 Kilogramm Gewicht auf die Waage bringen, und die sog. Überläuferkeiler mit 12 bis 14 Monaten die zwei Zentner Gewichtsgrenze überspringen.

Auch der Haarwechsel kann zu unterschiedlichen Zeiten, bedingt durch individuelle Physiologie und den Ernährungszustand, erfolgen und ist deshalb keineswegs ein sicherer „Altersindikator“. „Götterblick“ und „Wildbretgewichte“ allein reichen nicht aus (DAVID 2008), um verlässliche Einblicke in die Populations- und Reproduktionsdynamik des Schwarzwildes zu erhalten. Die korrekte, allerdings erst postmortal sichere Altersansprache ist wesentliche Voraussetzung für jede Populationsdiagnose und -prognose.

Untersuchungen im gesamten Arealsystem von Sus scrofa belegen, „... que le poids (conditionné non seulement par l'age, mais aussi par la nourriture et par la condition physique) est le facteur le plus important parmi les paramètres de la réproduction“ (ABAIGAR 1992; vgl. auch AUMAITRE et al. 1982, BRIEDERMANN 1971, DUNCAN und LODGE 1960, GETHOFER et al. 2007, MAUGET 1972, PEPIN et al. 1987, STUBBE und STUBBE 1977).

Untersuchungen an Wildschweinen aus dem Westen der Iberischen Halbinsel (vgl. SANTOS et al. 2006) belegten, dass „Food availability throughout the year appears to influence birth frequency distribution as well as reproductive phenology... These results are consistent with those observed in other favourable habitats where nutritious food is available for an extended period, the first reproductive period tends to be long and a second farrowing period can occur“ (vgl. hierzu auch DURIO et al. 1992, 1995, MORETTI 1995). „In Extremadura, the supply of mast oak dictates one reproduction period only, which is characterised by a sharp peak in the first fortnight of March“ (SANTOS et al. 2006).

Untersuchungen an erlegten Frischlingsbachen in den Jahren 2001 bis 2007 (n = 834; Gewicht zwischen 25 und 35 Kilogramm) aus Bayern, Rheinland-Pfalz, Nordrhein-Westfalen und dem Saarland, die wir im Rahmen eines vom Hohenzollern Jagdorden geförderten Forschungsprojektes durchführen konnten, zeigten, dass zu unterschiedlichen Jahreszeiten Frischlingsbachen mit Foeten auftreten. Von den untersuchten 834 Stücken (6 bis 9 Monate) waren 617 (= 74 %) beschlagen. Die Zahl „angelegter" Foeten variierte zwischen 2 bis 7 (Mittelwert 4,2).

Nach dem festgestelltem Alter und den Gewichten dürfte danach die Mehrzahl der über 25 Kilogramm schweren Frischlingsbachen im Rottenverband beschlagen werden. Das gilt vermutlich besonders für jene Rotten, wo durch das Fehlen dominanter Bachen die Synchronisation der Rausche gestört war oder die Unterdrückung der Rausche subdominanter Bachen durch dominante unterblieb.

Untersuchungen an erlegten Bachen mit Foeten in den Monaten Mai und Juni (n = 87) zeigten, dass sie ausnahmslos jünger als 14 Monate alt waren.

Damit wird die Reproduktionskapazität und -geschwindigkeit in der Frischlingsklasse bestimmt nicht nur von der Sozialstruktur innerhalb der Rotte, sondern zunächst einmal primär vom Gewicht der weiblichen Frischlinge. Je früher sie ein entsprechendes Gewicht erreichen, desto eher werden sie beschlagen und umso mehr Frischlinge werden geworfen.

Vergleichbare Befunde liegen zwischenzeitlich aus dem gesamten Arealsystem unseres Schwarzwildes vor. SANTOS et al. (2006) zeigten, dass das Reproduktionssystem von Wildschweinen im Westen der Iberischen Halbinsel entscheidend vom Habitat (Nahrungsqualität und -verfügbarkeit) bestimmt wird, wobei sie auf bemerkenswerte Unterschiede zwischen Frischlingsbachen und älteren Bachen in verschiedenen Regionen aufmerksam machten. „Regions differred significantly, and we detected a relationship between region and birth distribution frequencies. Throughout the year, food availability had a major influence on the distribution of farrowing. Although a short period of high food availability leads to highly synchronous births, even in relatively harsh environmental conditions, adult females that exploit low-quality food items appear to be able to give birth at any time of the year" (SANTOS et al. 2006).

Bei weiblichen Hausschweinen setzt die Geschlechtsreife im Allgemeinen ab dem 5. Monat ein, bei Ebern die Spermienentwicklung bereits im 4. Monat. Die Zyklusdauer beträgt im allgemeinen 16 bis 24, die Brunstdauer 2 bis 3, die Trächtigkeitsdauer 113 bis 116 Tage. Aus Australien wird von „verwilderten Hausschweinen" berichtet, die bereits mit 15 Kilogramm reproduktionsfähig sind.

Natürlich wird der gesamte Deckakt hormonell gesteuert, wobei auch der Keiler für die hormonale Steuerung der Bache und des synchron dazu stattfindenden Eisprungs eine wichtige Rolle spielt. Spezifische Pheromone steuern einen von verschiedenen Hormonen abhängigen Mechanismus, der u.a. auch dafür sorgt, dass die Spermien durch Muskelkontraktionen durch die bis eineinhalb Meter lange Gebärmutter bis zur Eizelle befördert werden. In der Samenflüssigkeit des Keilers befinden sich Prostaglandine, die ebenfalls in das Wirkungssystem eingreifen. Hausschweinezüchter wissen seit langem, dass die Anwesenheit eines Keilers im Stall eine höhere Fruchtbarkeit bei ihren Sauen garantiert als die des Tierarztes mit der künstlichen Besamung.

Halten wir aber nochmals fest: Wesentlichster Faktor für das Eintreten der Geschlechtsreife ist die Gewichtsentwicklung des Frischlings in den ersten sechs Monaten; und hier hat sich einiges zugunsten des Schwarzwildes seit Mitte des vergangenen Jahrhunderts verändert.

Seit der zweiten Hälfte des 20. Jahrhunderts hat sich die Biomassenentwicklung in Deutschlands Wäldern z.T. um über 30 % gesteigert, trotz „Waldschadensberichten" und anderer Horrorszenarien. Das wird im Wesentlichen auf vier Faktoren zurückgeführt:

- In den meisten Wäldern ist die noch vor dem 2. Weltkrieg weitverbreitete Streuholznutzung weitgehend zurückgegangen, mit dem Ergebnis, dass die früher dem Wald entzogene auch düngende Biomasse im Wald verblieb und auch der Pilzproduktion zugute kam.
- Durch höhere Niederschlagssummen insbesondere in der Vegetationsperiode und vor allem mildere Winter hat sich die produktive Phase der Wälder deutlich verlängert.
- Bedingt durch anthropogen gesteigerte Luft-Stickstoff-Einträge in die Waldökosysteme zeigen diese verstärktes Wachstum und eine dichtere Abfolge von Mastjahren.

- Hinzu kommt, dass sich die Waldfläche in Mitteleuropa (und insbesondere auch der Laubholzanteil in den Wäldern) vergrößert hat und, politisch gewünscht, in Zukunft noch wachsen wird.

Zeitgleich mit dieser Entwicklung in den Waldökosystemen veränderte sich die landwirtschaftliche Produktivität in der Feldflur, im Wesentlichen ein Ergebnis der EU-Agrarpolitik und in neuerer Zeit der Energiepolitik. In Wald und Feld steht heute den Wildschweinen ein Fraßangebot zur Verfügung, wie es vor dem 2. Weltkrieg aus der Sicht der Wildschweine reine „Illusion" gewesen war.

Spätestens seit 1958 wird die Entwicklung der Wildschweinpopulationen positiv beeinflusst durch ein auch klimatisch begründetes höheres Nahrungsangebot in unseren Laubwäldern und natürlich ebenfalls durch eine deutlich geringere Frischlingsmortalität, bedingt durch wesentlich mildere Winter. „Gegenüber der Dreißigjahresperiode 1958-1987 ist die mittlere Jahrestemperatur 1988-1997 in Basel um 1 Grad C angestiegen … im Winter sogar um 1,4 Grad C" (PFISTER 1999).

„A large capacity to increase in numbers and high mortality after both severe winters and diseases, are responsible for the large fluctuations observed in population size between years" (BASKIN und DANELL 2003).

2.4 Mit „mastgesteuerter“ Reproduktionskapazität gegen Prädations- und Jagddruck.

Da Gewichtsentwicklung und Reproduktion eng miteinander korreliert sind, kommt insbesondere den herbst- und winterlichen Nahrungsbedingungen höchste Bedeutung zu. Bei keiner anderen Schalenwildart wird der Zeitpunkt der Reproduktionsreife so markant von der Gewichtsentwicklung bestimmt wie beim Schwarzwild.

Bei Hausschweinen in Freilandhaltung war bereits seit Jahrhunderten bekannt, dass „Jungtiere in normalen Jahren, in denen kein übermäßiges Futterangebot bestand, erst nach etwa 15 Monaten die volle Geschlechtsreife erlangten, in Jahren einer guten Eichel- und Buchenmast, wenn die Bäume massenhaft Früchte trugen, bereits nach 6 bis 8 Monaten“ (vgl. u.a. PEITZ und PEITZ 1993). Das war im Übrigen auch der Grund dafür, dass in vielen Gebieten „jahrhundertelang die Früchte der Eiche wichtiger waren als ihr Holz. Bis ins frühe 19. Jahrhundert rechnen Lehrbücher den Wert eines Eichenwaldes nicht nach dem mutmaßlichen Holzertrag, sondern dem kapitalisierten Eichelerlös, denn Eicheln waren als Schweinefutter über alles geschätzt“ (BONFILS, HORRISBERGER und ULBER 2005, DELFS 1999). In guten Mastjahren lieferten reine Eichenwälder bis über 10000 Kilogramm Eicheln pro Hektar und Jahr. Aus heutigen Mischwäldern mit Eichendominanz liegen Werte zwischen zwei bis elf Tonnen Eicheln pro Hektar und Jahr vor. Diese natürliche „Kirrung“ schlägt alle von „normalen“ Jägern üblicherweise bei der „Ansitzjagd“ ausgebrachten „Kirrungen“ um ein Vielfaches. Bedenkt man weiterhin, dass das Schwarzwild die höchsten Wurfzahlen aller Schalenwildarten besitzt und sich ökologisch wie ein klassischer r-Stratege verhält, dann ist es eigentlich mehr als verwunderlich, dass den natürlichen, auf das Reproduktionsgeschehen direkt und pulsartig einwirkenden Faktoren bisher relativ wenig Beachtung geschenkt wurde.

Natürlich war seit langem bekannt, dass das Klimageschehen nicht nur die Arealgrenzen der Art, sondern insbesondere auch die Mortalität der Frischlinge und damit auch die im nachfolgenden Jahr zu erzielenden Jagdstrecken erheblich beeinflusst (vgl. u.a. NYENHUIS 2004), doch wurden bei vielen diesbezüglichen Analysen zu wenig die indirekten Wirkungszusammenhänge zwischen Klimageschehen, Nahrungsangebot, Physiologie und Populationsdynamik des Schwarzwildes durchleuchtet. Dabei hätten doch auch die so oft publizierten Schwarzwild-Jagdstrecken in fast allen Teilen des Arealsystems des Schwarzwildes, die unter sehr unterschiedlichen Jagdsystemen und -methoden erzielt wurden, zumindest den Verdacht verstärken müssen, dass die meist besonders nach Mageninhaltsanalysen „verdächtigten" Verursachungsgründe (u.a. verbotene Fütterungsmethoden; falsche Bejagung; Energiemaisanbau) doch deutlich von großflächig wirksameren Faktoren überlagert sein mussten.

Bei der Suche nach solchen Steuerungsfaktoren fällt der Blick sehr schnell auf das von ökosystemaren Faktoren innerhalb des Verbreitungsgebietes von Sus scrofa grenzübergreifend gesteuerte natürliche Ernährungssystem. Fast im gesamten Arealsystem kommen fruktifizierende Baumarten vor. Unter Berücksichtigung seiner gesamten Biologie ist das auf Waldökosysteme spezialisierte Schwarzwild ein Anpassungskünstler an natürliche „Puls-Systeme"; und diese werden trophisch entscheidend gesteuert durch unterschiedliche Fruktifikationsperioden dominierender Baumarten.

Mastjahre von Buchen, Eichen und in bestimmten Gebieten auch Kastanien steuern das herbstliche Raum-Zeit-Aktivitätsmuster nicht nur, aber auch des Schwarzwildes. Die Bindung an bestimmte Mast-Regionen wurde bisher zu wenig beachtet. Eicheln und Mais enthalten zwar viele „Energieträger" (vgl. u.a. DRESCHER-KADEN 1998) und begünstigen die Auffüllung von Energiereserven. Sie besitzen jedoch wenig Eiweiß und ein ungünstiges Mineralstoffverhältnis (Mindergehalte u.a. an Lysin, Tryptophan). Bedingt durch die Physiologie des Resorptionssystems der Wildschweine müssen diese deshalb Proteine und zusätzlich Vitamin B12 über tierische Kost (u.a. Regenwürmer, Engerlinge) aufnehmen. In Mastjahren wird die Maiskirrung bekanntlich unattraktiv, die Wiesenschäden steigen jedoch, sofern im Wald Eichen- oder Buchen-Mast vorhanden ist und gleichzeitig keine ausreichenden Eiweißquellen im Wald erschlossen werden können. Alle Magenanalysen am Schwarzwild zeigten, dass, unabhängig von jahreszeitlichen, lokalen und regionalen Schwankungen, der wesentliche Teil der Nahrung aus sommergrünen Laubwäldern stammt bzw. dort aufgenommen wurde. Deshalb kommt vorrangig diesen, insbesondere der von ihnen gelieferten und für das Schwarzwild nutzbaren Biomasse eine besonders hohe, bisher allerdings zu wenig beachtete Bedeutung zu.

Natürlich sollen dabei nicht die jahreszeitlich schwankenden Anteile in der Feldflur anfallender Nahrungsmengen oder von Fütterungen vergessen werden. Sie spielen insbesondere dort eine Rolle, wo Mast-Bäume fehlen oder die Waldbodenfläche erheblich reduziert wurde.

Mastjahre wirken auf die gesamte Waldfauna als „Pulssysteme". Die Reproduktionsraten vieler Vogel- und Kleinsäugerarten (ALIBHAI 1976, ASHBY 1959, BOBEK 1969, BURSCHEL 1966, BURSCHEL und HUSS 1997, CALLAHAN et al. 2008, CAMPBELL 1974, DROZDZ 1966, EDWARDS und GILLMAN 1987, ELIAS, WITHAM und HUNTER 2004, FLADE und SCHWARZ 2004, GRODZINSKI et al. 1977, HAYWARD und PHILIPPSON 1979, KREBS und MYERS 1974, MACFADYEN 1974, MAETO und OZAKI 2003, MATTSON 1977, MÜLLER 1981, NIXON, McCLAIN und DONOHOE 1975, NORMAN und STEFFEN 2003, PETRUSEWICZ und MACFADYEN 1970, SCHERZINGER 1996, SELAS, FRAMSTAD und SPIDSO 2002, SHAW 1968, SMITH 1966, SPENCER 1955, STODDART 1979, SUN, GAO und CHEN 2004, TANTON 1965, TAST und KALELA 1971, TOMIALOJÉ und WESOLOWSKI 2004, WATT 1932, WATTS 1968), vieler Insekten und Arthropoden werden davon gesteuert. KELLY, KOENIG und LIEBHOLD (2008) sprechen, weil der „Mast-Puls" die gesamte Wald-Biozönose erfassen kann, davon, dass „cases of mast seeding, involving highly variable seed production synchronized over large geographic areas, provide dramatic examples of resource pulses that have been documented for most major land masses." Für Nordamerika konnte gezeigt werden, dass einzelne Mastereignisse „long-lasting cascading effects" in der gesamten Biozönose auslösen. Nicht nur Eichel- und Bucheckern-Fresser (u.a. Ringeltauben, Eichelhäher, Kleiber, Spechte) profitieren von Mastjahren, sondern auch jene Arten, die durch Nahrungsnetze mit den Früchtefressern verbunden sind oder als ihre Prädatoren sie selbst als Nahrung nutzen.

Die Häufung von Mastjahren wird einerseits vom Klima und Wetter gesteuert, besitzt allerdings auch eine lokale Standortkomponente, doch werden sie ebenfalls, was auch experimentell nachgewiesen wurde (vgl. u.a. CALLAHAN et al. 2008), durch verstärkte anthropogene Stickstoffeinträge gesteuert. CALLAHAN et al. (2008) untersuchten seit 1988 die Entwicklung der Fruktifikation von Eichen auf experimentell unterschiedlich mit Stickstoffeinträgen (NH4NO3) behandelten Standorten. Die Ergebnisse waren eindeutig. Es zeigte sich, dass Biomassenproduktion, Blühphasen und Fruchtbehang deutlich erhöht waren auf den mit Stickstoff behandelten Flächen. Die Ergebnisse belegten: „it was a significant factor on plots receiving the highest levels of N … In the post-mast year, acorn production was increased in direct response to N-related factors other than tree abundance.“

In vielen Gebieten treten seit 1986 in jedem Jahr, häufig auf süd- und/oder wärmeexponierten Standorten, masttragende Eichen auf. Sie sind attraktive Nahrungsplätze, natürliche Kirrplätze für das Schwarzwild, und ihre Kenntnis ist für eine effiziente Bejagung des Schwarzwildes in den Herbst- und Wintermonaten wichtiger als jede den jeweiligen „Fütterungs- und Kirrverordnungen der Bundesländer“ angepasste, „genehmigte Kirrung“ (MÜLLER 1998, 2004).

Fagus sylvatica L. |||* F.orientalis LIPSKY

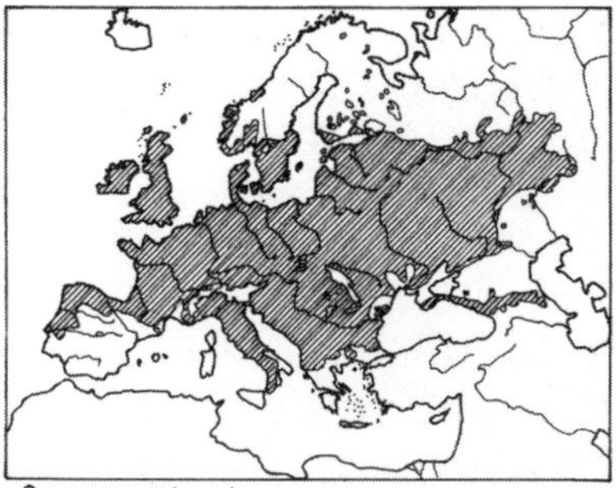

Quercus robur L.

Fraxinus excelsior L. • synanthrop

Quercus petraea (MATTUSCHKA) LIEBL.

Im westlichen Verbreitungsgebiet des Schwarzwildes wird das Reproduktionsgeschehen entscheidend von der im Wald zur Verfügung stehenden verwertbaren Biomasse bestimmt, insbesondere von den „Mast-Pulsen“ der Buchen, Eichen und (lokal) Kastanien.
Da ein Ziel der naturgemäßen Waldwirtschaft die standortangepasste Erhöhung der Anteile von Buchen und Eichen in unseren Wäldern ist, kann davon ausgegangen werden, dass sich die Lebensraumbedingungen für das Schwarzwild in Zukunft noch weiter verbessern werden.

Aus allen Ländern mit Eichen- und Buchenbeständen auf der Nordhalbkugel werden z.T. explosionsartige Steigerungen der Schwarzwildstrecken gemeldet, die deutlich über jenen vor dem 2. Weltkrieg liegen. So wurden z.B. in der Slowakei zwischen 1927 und 1929 jährlich nur 1364 Stücke Schwarzwild erlegt, im Jahre 2002 waren es 23 161 (HELL et al. 2004). Im Jagdjahr 1866/1887 wurden nur 90 Sauen in der Pfalz geschossen, im Jagdjahr 2007/2008 waren es in Rheinland-Pfalz 43 589. Auffallend ist, dass die Streckenschwankungen in Westeuropa und den einzelnen Bundesländern synchron verlaufen.

Mastjahre binden das Schwarzwild an entsprechende Wälder. Die Aktionsräume sind während der Mast relativ klein.

Der Ausfall von Mastjahren kann dagegen zu erheblichen Verlagerungen und Wanderungen von Schwarzwildrotten führen. Auf der Suche nach Ersatznahrung tauchen sie plötzlich in Ortschaften auf, suchen an Autobahnen nach Abfällen, verwüsten Kleingärten und Friedhöfe.

Natürlich gab es immer schon Mastjahre (vgl. u.a. WILD 1918). Was sich veränderte, ist jedoch ihre rasche Abfolge, und neu ist, dass in vielen Gebieten in jedem Jahr masttragende Buchen und besonders Eichen vorhanden sind (vgl. u.a. ZIEGLER 2001).

Die Phänologie der Kastanienwälder in Rheinland-Pfalz und anderen Gebieten von Südwestdeutschland bedarf einer besonderen Betrachtung (vgl. u.a. BÄSSLER 1944). Edelkastanien wurden seit Jahrtausenden für die menschliche Ernährung und die Schweinemast verwandt und sind seit der Römerzeit in Rheinland-Pfalz nachgewiesen (HOOPS 1905). Da Kastanienwälder bevorzugt auf klimabegünstigten Standorten stehen und in der Fruktifikationsphase eine hohe Attraktivität für das Schwarzwild besitzen, steuert die Kastanienreife vielerorts auch weiträumigere Wanderungen der Wildschweine.

Obwohl die Zusammenhänge zwischen Mastgeschehen und der Populationsentwicklung des Schwarzwildes bereits Anfang der 60er Jahre erkannt wurden, hat es – von allgemeinen Hinweisen einmal abgesehen – erst in neuerer Zeit Versuche gegeben, sie auch quantitativ zu klären.

Allerdings seien die „Wessis“ darauf hingewiesen, dass in der Deutschen Demokratischen Republik bereits am 2. Juli 1979 eine „Verfügung über die Bonitierung der Jagdgebiete“ erlassen wurde, die differenzierte Schwarzwilddichten für Gebiete mit bestimmten Laubholzanteilen festlegte.

Damals wurden, sicherlich unter dem Einfluss kenntnisreicher Wildbiologen, vier Waldanteilsgruppen gebildet. In der Gruppe I waren Reviere mit einem Laubholzanteil unter 10 %, in Gruppe II Reviere mit einem Laubholzanteil zwischen 10 bis 20 %, in Gruppe III Reviere mit einem Laubholzanteil zwischen 20 bis 50 % und in Gruppe IV Reviere mit einem Anteil über 50 % Laubholzanteil an der gesamten Waldfläche. Es wurde ein Feldgrenzen-Index festgelegt und danach die „zulässige Schwarzwilddichte“ definiert. Vielleicht wäre es für manchen Jagdfunktionär, für unsere ständig nach neuen Gängelungsinstrumenten suchenden „Wild-Wald-Bürokraten“ und „Sandkasten-Wildbiologen“ durchaus empfehlenswert, einen vertiefenden Blick in das Jagdrecht unseres ehemaligen Klassenfeindes zu werfen (MURSWIEK 1988). Man muss und sollte nicht alles daraus übernehmen, aber manches schon.

Die Synchronisation der Rausche kann als Anpassungsstrategie in sozialen Verbänden lebender Arten an Jahreszeitenrhythmik und schwankendes Angebot von Nahrungsressourcen verstanden werden. Wie sie physiologisch zustande kommt und gesteuert werden kann, ist beim Hausschwein sehr detailliert untersucht worden (vgl. u.a. KANITZ und HUHN 1999, KREMER 1997, SCHÄFER et al. 1999).

Von zentraler Bedeutung sind dabei olfaktorisch übermittelte chemische Informationen. Wildschweine besitzen mit die größten bei Säugetieren bekannten Riechflächen und die meisten Riechzellen. Über sie läuft die Unterdrückung und/oder Stimulation der Rausche. Das Phänomen ist von vielen sozial lebenden Säugetieren bekannt und spielt selbst bei der pheromonal bewirkten Synchronisation weiblicher Menstruationszyklen eine Rolle.

Von Sus scrofa-Populationen aus den immerfeuchten Tropen wissen wir, dass eine festgelegte Reproduktionsphase fehlt. In den wechselfeuchten Tropen steuert die jährliche Regenzeit die Rausche.

In Mitteleuropa besitzt die Rauschzeit eine jahreszeitliche Komponente, die allerdings überlagert wird vom ganzjährig verfügbaren Nahrungsangebot und von der Altersstruktur der Rotten. Bedingt durch den hohen Jagddruck in den meisten westeuropäischen Ländern erreichen nur wenige Bachen und Keiler ein Alter von über 10 Jahren. Die Durchschnittsalter in vielen westeuropäischen Rotten liegen unter 1,6 Jahre. Sorgfältige Streckenanalysen zeigen, dass das Durchschnittsalter in den letzten Jahrzehnten deutlich gesunken ist. Das heißt, dass durch jagdliche Eingriffe die Populationen verjüngt und vitalisiert wurden.

2.5 Intelligentes Verhalten und Sinnesorgane als Überlebensgarantie.

Bekanntlich verfügen Wildschweine über hervorragende Geruchs- und Gehörsinne. Das Geruchsvermögen besitzt höchste Bedeutung bei der sozialen Kommunikation und beim Feindvermeidungsverhalten. Bachen markieren bereits nach der Geburt intensiv ihre Frischlinge. Durch chemische Markierung werden alle Rottenmitglieder gekennzeichnet.

Für viele sozial lebende Säugetiere gehört chemische Partner- und Gruppen-Markierung zum normalen Verhaltensinventar. Obwohl wir Menschen im Verlauf unserer Evolution unseren Geruchssinn zurückbildeten, laufen dennoch auch bei uns viele Prozesse, Sympathie- und Antipathie-Empfindungen über geruchliche Informationen. Menschen erkennen zumindest ihren Partner auch am persönlichen Geruch. Viele Naturvölker kennen noch heute „Schweißrituale“, wobei insbesondere bei Begrüßung oder Verabschiedung vor dem Händedruck die Hände in den Achselhöhlen mit Schweiß versetzt werden.

Zunehmend stellte ich mir jedoch auch die Frage, ob es nicht sein könnte, auch unabhängig von den uns überlegenen Geruchs- und Gehörsinnen, dass jahrhundertelange Verfolgung durch den Menschen, aus „dummen Schweinen“ immer „intelligentere Superschweine“ formte, deren Lebensrhythmus auf optimale Feindvermeidungsstrategien selektioniert wurde, zumindest so verändert wurde, dass er von klassischen Jagdmethoden nur noch unzureichend „erfasst“ wurde.

Vieles spricht dafür, insbesondere auch viele „Schweinejagdgeschichten“ und subtile Freilandbeobachtungen (vgl. u.a. HUTTEL 1968, MEYER 2004, MEYNHARDT 1982), dass die Jäger bevorzugt die „Dummen“ erwischen. Doch gibt es für diese Hypothese keine überzeugenden molekulargenetischen Befunde. Es fehlt auch, wie beim Menschen, die Kenntnis über mögliche Wirkungszusammenhänge zwischen Genom und „Intelligenz“. Aber es ist schon auffallend, dass zumindest einzelne Bachen in unseren dicht besiedelten Kulturlandschaften sich offensichtlich über Jahre hinweg Treibjagden „entziehen“ können. Irgendwann erwischt sie dann doch einmal ein Jäger, meist an einem „ungewöhnlichen Ort“, zu einer „ungewöhnlichen Zeit“, aus „Zufall“.

Bemerkenswert geschickt setzt das Schwarzwild seine Sinnesorgane zur Feindvermeidung ein, und schnell erkennt es insbesondere „Jagd-Risiken“. Sein gesamtes Verhalten ist auf Feindvermeidung eingestellt.

Als auf mein Betreiben hin das erste und bis heute einzige „offizielle“ Schwarzwildforschungsgebiet im Staatsforst Warndt im Saarland am 28. Februar 1985 (gemäß §§ 2 und 7 des Saarländischen Jagdgesetzes vom 2.4.1982) eingerichtet wurde (KALBHENN, MÜLLER und CARIUS 1985), hatten die Wildschweine sehr rasch erkannt, dass auf der 496 Hektar großen Fläche die Jagd ruhte. Hatten wir zuvor Aktionsräume von telemetrierten Bachen von bis zu 7,8 Quadratkilometern und einzelne weite Abwanderungen (bis 52 Kilometer) unter Jagddruck feststellen können, sanken die Aktionsräume zum Teil auf die Größe des Schutzgebietes, das u.a. auch bei den herbstlichen Drückjagden zu einem bevorzugten „Fluchtgebiet“ der Sauen wurde.

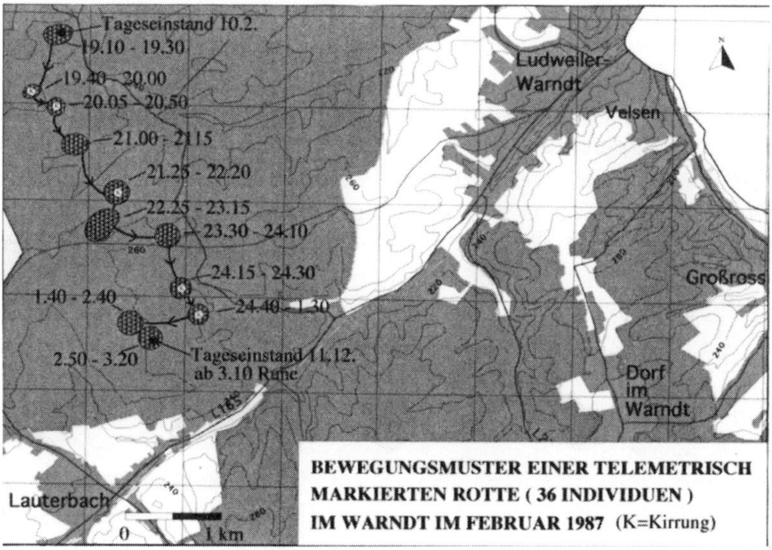

Lage des ehemaligen „Wildschutzgebietes“ im Staatsforst Warndt (nördlich Lauterbach), dessen Zweckbestimmung die Erforschung des Verhaltens des Schwarzwildes in Jagdruhezonen und unter Jagddruck war; es wurde zu einem beliebten „Rückzugsgebiet“.

Auch jeder Halter von Wildschweinen oder gar jene, die Frischlinge bis ins hohe Bachen- oder Keileralter pflegen konnten, sind und waren immer wieder überrascht von den Sinnesleistungen ihrer „Zöglinge". Natürlich erkannten diese ihren Ziehvater, sie erlernten auch meist schnell unterschiedliche Gefahren und Risiken in ihrem Lebensraum.

Telemetrierte Bachen zeigten uns im Freiland, wie sie systematisch bestimmte Räume „durchleuchteten" auf die Präsenz von Jägern, bevor sie diese Räume durchquerten. Das gilt natürlich auch für alte Keiler, die ja nur deshalb zum offiziell „endlich jagdbaren Keiler" wurden, weil sie in den Jahren zuvor intelligenter waren als ihre Verfolger (vgl. u.a. HUTTEL 1968). Auch die Tatsache, dass in Revieren mit hohem Jagddruck einzelne Bachen doch ein erstaunliches Alter erreichen, spricht für zumindest individuelle Intelligenz. Erfahrene Bachen kennen den Informationsgehalt von Jagdsignalen, und sie wissen auch, welche Tricks notwendig sind, um sich gegen auf Bewegungsjagden eingesetzte Meuten im Dornenverhau zu behaupten. Die meisten Jäger können aus ihrem Erfahrungsschatz weitere Beispiele hinzufügen.

Diese Verhaltensmuster erweisen sich allerdings bei genauerer Analyse fast immer als Anpassungen an spezifische Jagdtraditionen in bestimmten Revieren und Landschaftsräumen. Bei einem Wechsel der Jagdmethoden versagt meist auch die Anpassungskapaziät der Wildschweine. Allerdings besitzen sie den Vorteil, dass viele Jäger lieb gewordene Jagdmethoden, gleichgültig ob Einzel- oder Gesellschaftsjagd, Ansitz- oder Bewegungsjagd, auch nicht gerne aufgeben.

3. Der Einfluss von Mastjahren und Mast-Pulsen auf die Überlebensrate der Frischlinge und die Reproduktionskapazität des Schwarzwildes.

Alle sorgfältigen Populations- und Strecken-Analysen des Schwarzwildes belegen, dass die Hauptfaktoren, die insbesondere die Mortalität und Reproduktionskapazität der Frischlinge bestimmen, strenge Winter und das Nahrungsangebot in den Wäldern sind. Zwar darf das „Angebot“ in der Feldflur nicht vernachlässigt werden, doch spielt es in extremen Wintern naturgemäß eine untergeordnete Rolle. Auch zusätzliche Nahrungsmengen, die durch Fütterungen und Kirrungen „angeboten“ werden, sind für das reale Populationsgeschehen deutlich weniger wichtig, als sie von eifrigen, meist jagdkritisch eingestellten „Magenanalytikern“ publikumswirksam publiziert werden (vgl. u.a. CELLINA 2008, HAHN 2008, HAHN und EISFELD 1998).

Natürlich taucht der Faktor „Mast“ in sehr vielen Schwarzwildpublikationen als wichtiger Populationsakzelerator auf (vgl. u.a. HENNIG 2001), doch wird er vor allem in den von milden, atlantisch geprägten Klimabereichen im westlichen Teil des Arealsystems von Sus scrofa meist nur als e i n Faktor, aber nicht als s t e u e r n d e r F a k t o r herausgearbeitet. Die Gründe dafür sind sehr unterschiedlich. Viele Bearbeiter besitzen, auch wegen einer meist viel zu kurzen Beobachtungszeit, kaum eine Vorstellung vom steuernden Einfluss von Mastjahren, wie sie für frühere Generationen z.T. überlebensnotwendig waren (vgl. u.a. KÜSTER 1999). Bereits die Römer unterschieden im besetzten Germanien noch die „silvae glandiferae“, Wälder, in denen Schweine mit Eicheln und Bucheckern gemästet werden konnten, von den „silvae vulgaris pascuae“, d.h. gewöhnlichen Weidewäldern (GROSSMANN 1927). Schon damals war bekannt, dass „lockere Bestände ergiebiger waren, weil sie fast jedes Jahr reichlich Samen ansetzten“ (ELLENBERG 1978). In der „De re rustica“ von COLUMELLA wurden einzelne für die Schweinmast besonders geeignete Wälder unterschieden. Besonders begehrt waren Wälder mit hohen Eichen-, Buche- und Haselnuss-Anteilen. In Mastjahren ließ man die Sauen zweimal decken. Auch aus den überlieferten „Volksrechten" der Germanen ist zu erkennen, dass sie eine differenzierte Waldmast-Schweine-Wirtschaft betrieben. Die Waldweide besaß große Bedeutung. Der Besitzer einer Schweineherde, der seine Schweine unerlaubt in fremde Eichen- oder Buchenwälder trieb, musste dem Inhaber der Forsthoheit den „Schweinezehnt" entrichten (Decima Porcorum; Lex Visigothorum, Buch VIII/5). Er musste jedes zehnte Schwein am Ende der Mastzeit abliefern. Bei den Kelten lassen archäologische Befunde auf vergleichbare Regeln schließen. Allerdings besaßen bei ihnen Schweine höchsten Kultstatus. Der keltische „Ebergott" von Euffigneix in Frankreich und zahlreiche „Eberlegenden" zeigen, dass die Heiligen der damaligen Zeit nicht nur etwas von der Zubereitung von Spanferkeln verstanden, sondern auch von der überirdischen Wirkkraft der Schweine überzeugt waren. Es sei in diesem Zusammenhang daran erinnert, dass auch der Germanengott Freyr neben Stier und Pferd auch einen Keiler als Symbol besaß.

Bis ins 19. Jahrhundert besaßen lichte Eichenhaine den höchsten Wert.

„Zu Beginn des Mittelalters gab es nur in wenigen Landschaften gehölzfreie Weideflächen. Anderswo beweideten die Tiere mehr oder weniger dichte Wälder … Diese Form der Nutzung von Wäldern wurde schon jahrtausendelang betrieben, und so gab es im Mittelalter ausgedehnte Waldweiden, Hut-, Hude- oder Hütewälder … Der Mensch hat aktiv nachgeholfen, um das Wachstum solitär stehender Buchen und Eichen auf den Viehweiden zu fördern … Auf den Weiden wurden sogar Buchen und Eichen gepflanzt … Denn Buchen und Eichen sollten auf der Viehweide als Mastbäume stehen: Wenn Bucheckern und Eicheln reif waren, wurden die Schweine zur Mast in die Hudewälder getrieben. Die Hirten warfen Stangen in die Baumkronen, damit die nahrhaften Früchte herunterfielen." (KÜSTER 1999, p. 236; vgl. auch BÖHLING 1992, BONFILS et al. 2005, BRAN et al. 1990, BURRICHTER 1984, CARITAT et al. 2006, ELMER 1955, GROSSMANN 1927, KRATOCHWIL und SCHWABE 1987, POTT 1992, POTT und HÜPPE 1991, SCHWABE und KRATOCHWIL 1987)

Wir hatten bereits ausgeführt, dass bei keiner anderen Schalenwildart der Zeitpunkt der Reproduktionsreife so deutlich von der Gewichtsentwicklung bestimmt wird wie beim Schwarzwild. Bei

Hausschweinen in Freilandhaltung war bekannt, dass in Jahren mit guter Eichel- und Buchenmast sie ihre Geschlechtsreife bereits mit 6 bis 8 Monaten erreichten (PEITZ und PEITZ 1993), über 8 Monate früher als in Jahren ohne Mast. Deshalb waren „jahrhundertelang die Früchte der Eiche wichtiger als ihr Holz“ (BONFILS, HORRISBERGER und ULBER 2005), und bis ins frühe 19. Jahrhundert rechnen Lehrbücher den Wert eines Eichenwaldes nicht nach dem zu erwartenden Holzertrag, sondern nach dem „kapitalisierten Eichelerlös“.

Da die Geschichte unserer Wälder heute meist nicht mehr zum ökologischen Pflichtprogramm in Schulen und Universitäten gehört, wird nicht nur übersehen, dass wir in Deutschland heute nicht nur mehr Wald besitzen als in den letzten 500 Jahren zuvor, es wird auch die Bedeutung der Fruktifikationsphasen der sommergrünen Laubwälder für die gesamte Biozönose meist nicht erkannt.

Während Mastjahre früher von allgemeiner volkswirtschaftlicher Bedeutung waren, sind sie heute nur noch Gegenstand forstwirtschaftlicher Überlegungen (Festlegung der Freistellung von Flächen für Naturverjüngung) oder von Wald-Monitoring-Programmen.

Bis zur Einführung eines geregelten Futterpflanzenanbaus stellte der Wald eine unentbehrliche Grundlage für die Viehhaltung dar (JANSEN 1966), wie wir sie uns heute in ihrer Dramatik für die Waldstrukturen und Waldzusammensetzung überhaupt nicht mehr vorstellen können. Die bis ins 18. und 19. Jahrhundert andauernde „Waldhude“ wurde in Breitenwirkung und Ausdauer von keiner anderen anthropogenen Nutzungsform übertroffen (BONN und POSCHLOD 1998, BURRICHTER et al. 1980, POTT 1983, 1991, SELTER 1995, TEN CATE 1972).

Die in die Wälder getriebenen Rinder, Schafe oder Schweine überstiegen um ein Mehrfaches die von heutigen Waldbauern als „überhaupt nicht akzeptabel“ verschrienen Reh- oder Hirschdichten (FLAD 1987). Aber es ist offensichtlich auch heute noch ein Unterschied, zumindest ein politischer, ob ein Hirsch, eine Gams oder ein bäuerliches Rindvieh den hochgeschützten und subventionierten Bergwald auffrisst. In den Anweisungen für die Erfassung des Verbisses in bayerischen Wäldern kann man heute noch (2009) nachlesen, dass Verbiss durch Weidevieh als „kein Verbiss“ erfasst wird.

Allein im 6282 Hektar großen Altdorfer Wald in Oberschwaben lasteten in den vergangenen Jahrhunderten sog. „Weidegerechtigkeiten“ für über 5300 Stück Vieh. In den Wäldern der staatlichen

Forsten des 2425 Hektar großen Forstreviers Glindfeld durften 1300 Schafe, 608 Rinder, 240 Schweine und 8 Pferde den Jungwuchs fressen (SELTER 1995).

Aber vor allem für die Schweinemast war der Wald „unentbehrlich". In der Umgebung der Abtei Prüm in der Eifel existierte ein „Recht für die Waldmast" für jährlich 8430 Schweine (TIMM 1960). Für die Waldungen der Fürstentümer Wolfenbüttel und Calenberg wurden 1598 insgesamt 30497 zur „Mast berechtigte Schweine" erwähnt. In den 60 Quadratkilometer großen Lushardswald bei Bruchsal wurden in guten Mastjahren bis zu 20000 Schweine in den Wald getrieben (PLOCHMANN 1979). „Die Mastnutzung mit Eicheln und Bucheckern war bis zum Ende des Mittelalters von hoher volkswirtschaftlicher Bedeutung, denn aus archivalischen Unterlagen geht hervor, dass z.B. bei Eichelmasten mit 20000 Schweinen (was für große Waldungen, z.B. Davert, nicht selten war) pro Waldbezirk bis zu 30000 Gulden Erlös eingetrieben werden konnten" (POTT 1991, p.62). Da die Schweine das Gros der Eicheln und Bucheckern naturgemäß auffraßen, blieb auch ihre heute meist als positiv von Waldbauern dargestellte auflockernde Wühltätigkeit im Waldboden zumindest für die Waldverjüngung weitgehend wirkungslos. Entscheidend für die flächendeckende Bevorzugung der Wald-Schweinemast war sicherlich für die Gemeinden und Privatwaldbesitzer auch das „Mastgeld" (HAUSRATH 1913, MANTEL 1965, TEN CATE 1972).

Es erscheint wichtig, diese früher große „wirtschaftliche Bedeutung" der Waldmast an dieser Stelle zu erwähnen, auch um zu verstehen, dass die von uns heute fast vergessene „Waldmast" offensichtlich doch eine erhebliche Bedeutung für die freilebenden Waldtiere und hier insbesondere für die Wildschweine besitzen muss.

Bereits vor dem 2. Weltkrieg konnte WATT (1932) nachweisen, dass alle durch eine Halb-, Viertel- oder gar „Sprengmast" produzierten Bucheckern bis zur frühjahrszeitlichen Keimungszeit überwiegend durch Rodentia, Vögel und Wildschweine aufgefressen sind.

Zahlreiche Untersuchungen an unterschiedlichen Reproduktionszyklen von waldbewohnenden Kleinsäugern (u.a. Siebenschläfer, Wald- und Rötelmäusen, Eichhörnchen) bestätigten deren enge Zusammenhänge mit den Fruktifikationsphasen insbesondere von Eichen und Buchen (vgl. u.a. ALIBHAI 1976, HAYWARD und

PHILLIPSON 1979, NIXON et al. 1975, RATKIEWICZ und BORKOWSKA 2000, RODEWALD 2003, SMYTH 1966, STENSETH et al. 1998, STODDART 1979).

Wesentlich ist jedoch, dass Mast-Pulse zwar von einer Vielzahl regionaler und lokaler Faktoren beeinflusst werden (insbesondere Klimafaktoren, Stickstoffeinträge und Waldstruktur), dass sie aber auch eine globale Komponente besitzen (vgl. u.a. KELLY et al. 2008). KELLY und Mitarbeiter stellten fest, dass „cases of mast seeding, involving highly variable seed production synchronized over large geographic areas, provide dramatic examples of resource pulses that have been documented for most major world land masses".

Obwohl einige Autoren auf diese Phänomene frühzeitig hingewiesen haben, wurden sie offensichtlich in der Ursachenanalyse für die Entwicklung von Schwarzwildpopulationen sträflich vernachlässigt. „Each event produces long-lasting cascading effects in the community, ultimately influencing not only seed consumers such as rodents and deer, but also the parasites and prey of those consumers, diseases transmitted by those parasites, and outbreaks of insect herbivores ... Because the massive perturbations induced by masting events are major recurring challenges to an ecosystem, disentangling the causes of different system responses is likely to lead us to a better understanding of ecosystem function, resilience and stability" (KELLY et al. 2008).

3.1 Ursachen für Mastjahre.

„Bäume besitzen bekanntlich eine Jugendphase von 10 bis 30 Jahren und erreichen artspezifisch ein Höchstalter von 50 bis 500 Jahren. Die Samenproduktion erreicht mit zunehmendem Alter einen oder mehrere Höhepunkte (bei Eichen etwa mit 40 bis 500 Jahre). Vielfach lassen sich auch von Jahr zu Jahr starke Schwankungen feststellen, z.B. das etwa alle 6 bis 7 Jahre wiederkehrende Massenfruchten der Rotbuche." (SITTE, ZIEGLER, EHRENDORFER und BRESINSKY 1998)

Ebenso wie viele andere Baumarten fruchtet die Buche meist nicht in jedem Jahr, denn sie verbraucht zu einem vollen Samenertrag ca. alle im Laufe des Jahres mobilisierten Kohlenhydrate (GÄUMANN 1935, BURSCHEL 1966 u.a.).

Wesentlich ist, dass in naturnahen Ökosystemen die Mastjahre meist in unregelmäßigen Abständen stattfinden. Das hat natürlich zur Folge, dass sich insbesondere in den Samen parasitierende Tierarten nicht in ihrem Entwicklungszyklus auf die Mastjahre einstellen können.

Es sind also keineswegs nur abiotische Faktoren, die den Zyklus von Mastjahren steuern, sondern auch Wirkungszusammenhänge zwischen den Arten innerhalb der Waldbiozönose (BASKIN und BASKIN 1998, LEUSCHNER et al. 2009).

Allerdings haben zahlreiche, insbesondere experimentelle, Untersuchungen in den letzten Jahren gezeigt, dass vor allem erhöhte Temperaturen während der Vegetationsphase und gezielte Stickstoffgaben eine verstärkte Fruktifikation im nachfolgenden Jahr auslösen können.

Diese Faktoren führen auch dazu, dass besonders u.a. Eichen auf wärmebegünstigten und mit Stickstoff gut versorgten Standorten jedes Jahr Mast tragen können. In fast allen Waldzustandsberichten der deutschen Bundesländer wird hervorgehoben, dass auch im Jahr 2008 insbesondere die Stickstoffeinträge, die als Nitrat und Ammonium abgelagert werden, „weiterhin zu hoch" sind. In Bayern lagen z.B. die Stickstoffeinträge 2007 im Durchschnitt bei 14 Kilogramm pro Hektar (Schwankungsbereich von 4,5 bis 30 kg; Waldzustandsbericht für Bayern 2008). Die hohen Stickstoffeinträge gehen zunächst in ein verstärktes Waldwachstum ein, führen jedoch letztlich über Nährstoffungleichgewichte zu Bodenversauerungen und auch einer Veränderung der Bodenvegetation. Nitrophile Arten, die bekanntlich vom Rehwild bevorzugt werden, gewinnen die Oberhand. An dieser Stelle interessiert jedoch zunächst nur die Bedeutung der erhöhten Stickstoffeinträge auf die Fruktifikation der Waldbäume, und die wird zweifellos gesteigert durch die anthropogen erhöhten, insbesondere von Verkehr und Landwirtschaft bedingten Stickstoffeinträge. In Bayern hatten wir 2008 ein Mastfolgejahr mit geringer Bucheckern- und Eicheln-Produktion (nur an 4 % der Buchen und 5 % der Eichen wurde Fruchtbehang festgestellt; vgl. Waldzustandsbericht Bayern 2008). Folgerichtig wäre zu erwarten, dass das Schwarzwild keine ausreichenden Ernährungsgrundlagen im Wald vorfand, auch außerhalb des Waldes auf Nahrungssuche gehen musste, verstärkt von Kirrungen angezogen wurde und deshalb die lokalen „Ansitz-Kirrjäger“ (sofern die lokalen Lichtverhältnisse es zuließen) höheren Jagderfolg hatten als in Mastjahren.

Da Eicheln und Bucheckern über die gesamte Winterperiode im oder am Boden oder in der Laubstreu verweilen können (vgl. u.a. AIKMAN 1934, BASKIN und BASKIN 1998, BRAN et al. 1990), stellen sie naturgemäß ein ideales „Versorgungssystem“ für zahlreiche Wildarten (insbesondere das Schwarz- und das Rehwild) in kritischen Winterphasen dar.

Bereits seit der Mitte des 19. Jahrhunderts wurden phänologisch besondere Mastjahre für Buche und Eiche kontinuierlich erfasst. Von 1874 bis 1893 führt DENGLER (1930) sechs bis sieben deutlich ausgeprägte Mastjahre der Buche auf (1875, 1877, 1882, 1884, 1888 und 1890). Weitgehend ausgefallen war die Mast in den Jahren 1876, 1878, 1879, 1880, 1883, 1885, 1887, 1889, 1891 und 1892. Über den gesamten Zeitraum zwischen 1874 bis 1894 lieferten die Eichen allerdings jedes Jahr einen sicheren Samenertrag

Von wesentlicher Bedeutung ist jedoch, dass unabhängig von der großräumigen Situation Einzelbäume und Einzelstandorte sich deutlich unterscheiden können.

Im Waldzustandsbericht von 2007 für die Bundesrepublik Deutschland wird auf einen engen Zusammenhang zwischen der Fruktifikation und dem Kronenzustand der Buchen aufmerksam gemacht. Danach häufen sich Jahre mit „starker Fruktifikation“ seit 1999 deutlich.

Aus dem forstlichen Umweltmonitoring für Rheinland-Pfalz sind besonders starke Mastjahre für die Buche für die Jahre 1992, 2002 und 2004 nachgewiesen. Eine verfeinerte Auswertung, unter Hinzuziehung der Dauerbeobachtungsflächen, belegt, dass der Fruchtbehang der Buche in Rheinland-Pfalz seit 1992 zwar jährlichen Schwankungen unterlag, dennoch eine Fruktifikationshöhe vorhanden war, wie sie in früheren Jahrzehnten nicht beobachtet wurde. Das gilt u.a. auch für die Fruktifikation der Buche in Bayern. Besonders die Jahre 1996, 2003 und 2006 waren durch hohe Buchecker-Erträge gekennzeichnet.

Seit 1994 gibt es fast in jedem Jahr großflächige Mast bei der Eiche.

3.2 Die Bedeutung von Mastjahren für geringere winterliche Mortalitätsraten der Frischlinge und deren „Frühreife“.

Da in der mitteleuropäischen Kulturlandschaft, wie wir bereits ausführten, sehr unterschiedliche Faktoren in das Reproduktionsgeschehen eingreifen und viele Streckenanalysen und Forschungsvorhaben viel zu kurze Zeiträume erfassen, um wirkliche Einblicke in Natalität und Mortalität zu erhalten und Populationsdichten nur über z.T. kritische Bewertungsparameter erschlossen werden können, war es zunächst sinnvoll, einen Blick auf Gebiete zu werfen, in denen z.T. jahrzehntelange Ökosystemforschung durchgeführt wurde. Ein solches relativ naturnahes Gebiet ist sicherlich der Bialowieza Nationalpark im Osten von Polen. Natürlich ist das dort herrschende Klimaregime wesentlich kontinentaler als z.B. jenes von Rheinland-Pfalz. Da jedoch sowohl die abiotischen als auch die biotischen Faktoren bereits seit über 20 Jahren kontinuierlich erfasst wurden, liefern die Befunde zur Schwarzwild-Populationszyklik zumindest Informationen zu den primären Steuerungsfaktoren.

Sorgfältige Nahrungsanalysen an herbivoren Klein- und Großsäugern zeigten zunächst, dass ihre Populationszyklen durch strenge Winter und M a s t - P u l s e insbesondere der Eichen geprägt werden (vgl. u.a. JEDRZEJEWSKA und JEDRZEJEWSKI 1998) und dass die höchsten Populationsdichten von Sus scrofa in dem großen Waldreservat eng verbunden sind mit sommergrünen Wäldern, deren durchschnittliches Baumalter über 80 Jahre beträgt. „Mature deciduous forests with oaks produce large quantities of acorns, whereas coniferous and young tree stands do not yield any seeds edible for wild boar ... In spring, after a good crop of acorns, a mean number of seven to eight piglets per breeding female was recorded“ (JEDRZEJEWSKA und JEDRZEJEWSKI 1998; S. 37). Deutlich konnte gezeigt werden, dass das Nahrungsangebot die Populationsdichte steuert, strenge Winter und andere Faktoren nur kurzfristige Populationsschwankungen bewirken. Von 1960 bis 1993 stieg die Populationsrate von Sus scrofa in Bialowieza um über 75 %, primär gesteuert durch eine gesicherte Fruktifikation der Eichen. Diese Befunde überraschen auch deshalb, weil in dem Gebiet effizient jagende Prädatoren vorkommen (insbesondere Wölfe, deren Nahrung ganzjährig zu 12,7 % aus Schwarzwild besteht, davon 61 % Frischlinge), die aber offensichtlich nicht den Zuwachs beschränken können. Fehlende Mast der Eichen führt zu erhöhter Mortalität unter den Frischlingen, verbunden mit einer ansteigenden Rate an Infektionskrankheiten. Aber „after the fall of mast, wild boar survive well, and next spring, they breed early and intensively ... However, the nil acorn crop that follows the mast year causes very high mortality in both adult and young boar."

Nur in strengen Wintern, mit langanhaltendem Frost und hohem Schnee, steigen die Mortalitätsraten beim Schwarzwild drastisch an (vgl. u.a. OKARMA et al. 1995). So trat z.B. im langdauernden Winter 1987 bei den Wildschweinen eine „mass mortality after poor crops of acorn and during severe winters" auf.

Die langjährigen Untersuchungen in Bialowieza bestätigen, dass Populationsdichten und Reproduktionsraten des Schwarzwildes abhängig sind von der Menge/Fläche fruktifizierender, d.h. im Allgemeinen über 80 Jahre alter Laubwaldbestände, insbesondere Eichen. Wichtige Prädatoren besitzen einen geringeren Einfluss auf die Populationsdichte als die vorhandene Mast-Situation. Nur strenge Winter, mit langem Frost und tiefer Schneedecke, können bei fehlender oder nicht erreichbarer Mast die Populationsdichte deutlich absenken. Der Schlüssel zum Verständnis des Reproduktionsgeschehens und damit der Populationsdynamik liegt folglich in naturnahen Waldsystemen eindeutig bei den Mast-Zyklen, insbesondere der Eiche. Verschiedene Arten von Quercus und Fagus kommen im gesamten Arealsystem von Sus scrofa vor, auch in Gebieten, in denen die Art erst vom Menschen eingeführt wurde (u.a. Nordamerika). Das gesamte Reproduktionssystem zeigt, dass das Schwarzwild eine Vielzahl offensichtlich koevoluierter Anpassungsmechanismen an Mast-Puls-Systeme in seinem ursprünglichen Lebensraum entwickelt hat. Das Verständnis dieser Zusammenhänge, insbesondere auch der Größenordnungen des daraus ableitbaren Energieflusses, ist von erheblicher Bedeutung für Management-Maßnahmen, insbesondere auch in unseren Kulturlandschaften.

Obwohl das von einigen Wissenschaftlern erkannt wurde (vgl. u.a. BIEBER und RUF 2005), wird es in der Diskussion um die quantitative und qualitative Einschätzung von Management-Maßnahmen bisher immer noch viel zu wenig, z.T. fast nur „anekdotenhaft“ berücksichtigt. Das ist umso mehr zu bedauern, als viele Autoren aus anderen Teilen des Arealsystems von Sus scrofa die Anpassungsfähigkeit dieses „pulsed resource consumers“ sehr genau beschrieben haben (vgl. u.a. ABAIGAR 1992, AUMAITRE et al. 1982, DARDAILLON 1987, DURIO et al. 1995, GEISSER und REYER 2005, GENOV 1981, 1987, JEZIERSKI und MYRCHA 1975, MARKOV et al. 2002, MATSCHKE 1964, MAUGET 1972, NAHLIK und SANDOR 2003, SPITZ und JANEAU 1990).

Neben der Häufung von Mastjahren darf aber als weiterer Faktor nicht unberücksichtigt bleiben, dass in vielen deutschen Wäldern seit dem 2. Weltkrieg, insbesondere durch Einträge von Nährstoffen aus der Luft, sich eine deutliche Verstärkung der Eutrophierung bemerkbar macht, die auch durch Messergebnisse von Dauerbeobachtungsstationen in Rheinland-Pfalz bestätigt werden kann. In anderen Gebieten Deutschlands lässt sich seit 1946 bei fast 50 % der Untersuchungsflächen diese Eutrophierung durch eine Zunahme nitrophiler Arten deutlich bestätigen (vgl. u.a. BÖHLING 1992).

Stickstoff-Einträge steuern, wie durch experimentelle Befunde nachgewiesen, aber nicht nur die Eutrophierung, sondern auch die zunehmenden Mast-Pulse bei Eichen und Buchen. Deshalb ist es sicherlich geboten, dass auch die Jägerschaft aktiv für notwendige Reduktionsmaßnahmen von Stickstoff-Emissionen bei den Hauptemittenten, dem Straßenverkehr und insbesondere auch der Landwirtschaft, eintritt.

Untersuchungen in Mitteleuropäischen Kulturlandschaften mit zwischen 20 bis 40 % Waldanteil und sehr unterschiedlichen Flächennutzungen konnten jedoch auch nachweisen, dass das Mastgeschehen die Populationsdichten deutlicher beeinflusst als Jagd und landwirtschaftliche Nutzung. Vorausgesetzt, dass die Entwicklung von Jagdstrecken, bei meist angenommener gleichbleibender Jagdintensität und -motivation der Jäger, zumindest rechnerische Rückschlüsse auf die Populationsdichten zulässt, lassen sich hier beispielhaft einige Arbeiten anführen.

So konnte z.B. für bestimmte Kreise des Saarlandes für den Zeitraum von 1965 bis 1996 gezeigt werden, dass das erste Streckenmaximum in diesem kleinen Bundesland mit einer Häufung an Mastjahren zusammenfällt (FEICHTNER 1998). Seit Beginn der 80er Jahre stiegen die Strecken deutlich an, wobei nur das Jahr 1994 ein

„mastunbeeinflusstes Jahr“ war. In dem Beobachtungszeitraum von 30 Jahren stiegen die Strecken 16-mal an, davon 11-mal in Mastfolgejahren; 14-mal fielen sie ab, davon 13-mal in Jahren ohne Mast oder in Mastjahren. Mastfolgejahre erwiesen sich als erfolgreiche „Streckenjahre“. Eine erhebliche Beeinflussung der Streckenergebnisse durch den verstärkten Maisanbau konnte in dieser Studie nicht belegt werden.

In einer Analyse zur Entwicklung der Jagdstrecken des Schwarzwildes im Freistaat Sachsen durch KRÜGER (1998) kommt dieser allerdings, weil er den Einfluss von Mastjahren nicht genauer untersuchte, zu einer anderen Auffassung. Er stellte zunächst die dortige Schwarzwildstrecke von 1955 bis 1997 dar und zeigte, dass die Gesamtstrecke der sächsischen Bezirke von 1955 bis 1967 um einen jährlichen Durchschnittswert von 650 Tieren schwankt. Ab 1977 steigt sie von 7353 bis 14169 Stück im Jahr 1989 an. In den Jahren 2001 bis 2005 wurden über 30000 Wildschweine pro Jahr erlegt (Spitzenjahr 2001/2002 mit 33922 Stück). Wie in den übrigen Bundesländern fiel nach dem strengen Winter im Jagdjahr 2005/06 die Strecke in Sachsen auf 13.269 Sauen zurück. KRÜGER (1998) korreliert die Streckenentwicklung nur mit der Entwicklung des Maisanbaus in Sachsen und stellt eine positive Korrelation fest. Leider erwähnt er nur nebenbei, dass „ein weiterer Einflussfaktor die Zunahme von Mastjahren der Baumarten Buche und Eiche war“. „Traten Vollmasten in den 50er Jahren und früher nur etwa alle 5 bis 10 Jahre auf, wurden sie seit Mitte der 70er Jahre deutlich häufiger registriert.“

Es könnten hier weitere Arbeiten erwähnt werden, die z.T. mit aufwendiger Statistik „Korrelationen“ zwischen Maisanbau und Schwarzwildpopulationen herstellen. Eine solche Korrelation würde sich sogar herstellen lassen zwischen der EU-Agrarpolitik und der Entwicklung durchschnittlicher Jahrestemperaturen innerhalb Westeuropas.

Niemand wird abstreiten, dass das Schwarzwild von zahlreichen natürlichen und anthropogenen Faktoren beeinflusst wird, niemand wird abstreiten, dass je nach Flächennutzung und fruktifizierenden Waldanteilen die Lebensraumbedingungen und damit auch die Aktionsräume des Schwarzwildes im Jahresgang sehr unterschiedlich sein können. Unstrittig ist jedoch auch, dass das wesentliche Reproduktionsgeschehen des Schwarzwildes in unseren Wäldern abläuft; und Deutschland ist nun einmal vom Wuchspotential ein Waldland, ein Land, in dem Fageten auf ganzer Fläche dominieren würden, wenn man sie nur ließe (vgl. u.a. HOFMANN und POMMER 2005, MÜLLER 1981, POTT 1995, 2005). Das Schwarzwild ist nicht nur als „consumer" der Biomasse der Wälder an diese angepasst; es sorgt auch selbst durch Zoochorie für die Verbreitung vieler Waldbäume und -sträucher (vgl. u.a. BONN und POSCHLOD 1998, GENARD und LESCOURRET 1985), für die Reduktion vieler Buchen und Eichen schädigender Insekten, und nicht zuletzt durch seine Wühltätigkeit für die Keimlingsetablierung vieler Pflanzen (EDWARDS und GILLMAN 1987, GENARD und LESCOURRET 1985, MILTON et al. 1997, PHILIPPI 1969, SPATZ 1995. TREIBER 1997, WELANDER 1995).

3.3 Mast-Pulse kompensieren jagdliche Eingriffe.

Eigene Untersuchungen, die wir seit 1986 im an Rheinland-Pfalz angrenzenden Landkreis Merzig-Wadern im nördlichen Saarland durchführen konnten, einem Gebiet mit einer Größe von 55478 Hektar (davon 20921 Hektar Wald und 27147 Hektar Feldflur), bestätigten sehr deutlich, dass nach Mastjahren der Eichen und Buchen sowohl die Schwarzwildstrecken als auch die Schwarzwildschäden anstiegen. Für diesen Kreis konnten wir, insbesondere für die Jahre 2002 bis 2005, eine sehr detaillierte Streckenanalyse durchführen. Bedingt durch eine im Zuge von Schweinepestfällen in Luxemburg, Rheinland-Pfalz, dem Saarland und angrenzenden französischen Gebieten den Jägern auferlegte „Ablieferungspflicht" geschossener Wildschweine in zentralen Sammellagern, konnten nicht nur die erlegten Wildschweine genauer untersucht, sondern es konnten gleichzeitig ihre Erlegungsstandorte unter den Aspekten ihrer Habitatqualität (u.a. Anteil fruktifizierender Buchen und Eichen im Umkreis von zwei Kilometern; Maisanbau; Grünlandwirtschaft) überprüft werden.

Dazu war zunächst die Erstellung einer digitalisierten Reviertypenkarte mit den jeweiligen Reviergrenzen notwendig.

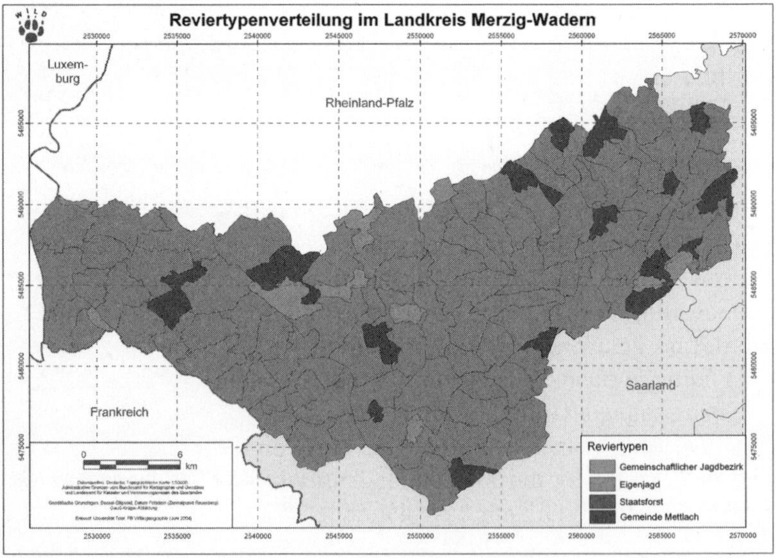

Reviertypen und deren Grenzen im Landkreis Merzig-Wadern im Jahre 2002. Sichtbar wird, dass Staatsforst-Reviere und Eigenjagden isoliert innerhalb oder am Rande der Gemeinschaftlichen Jagdreviere liegen.

Als zweite wesentliche Bewertungsgrundlage wurden alle Waldgebiete erfasst und digitalisiert und der jeweilige Anteil an Beständen von Buchen und Eichen mit einem Mindestalter von 80 Jahren bestimmt. Der Landkreis Merzig-Wadern besitzt eine Gesamtfläche von 55478 Hektar, wovon 20921 Hektar Wald sind. Der Waldanteil der bejagbaren Fläche von 50418 Hektar beträgt 38,2 %. Aus der Lagebeziehung der Reviere zu den Waldflächen ist unschwer zu erkennen, dass „Wald“, unabhängig von seinem unterschiedlichen Anteil an der Fläche von neun Hegeringen (z.B. Hegering Weiskirchen besitzt bei einer Größe von 2956 Hektar 46,6 % Wald; der Hegering Losheim bei einer Fläche von 9029 Hektar 55,6 % Wald; der Hegering Perl bei einer Fläche von 6892 Hektar 21,3 % Wald) das für die Reproduktionssicherheit wichtigste Habitat in diesem Kreis ist.

Obwohl vom Wuchspotential her sicherlich die Buche der konkurrenzstärkste Baum ist, existiert an vielen Standorten ein relativ hoher Anteil von Eichen, begünstigt durch die früher in vielen Ortschaften dominierende Niederwald-Wirtschaft.

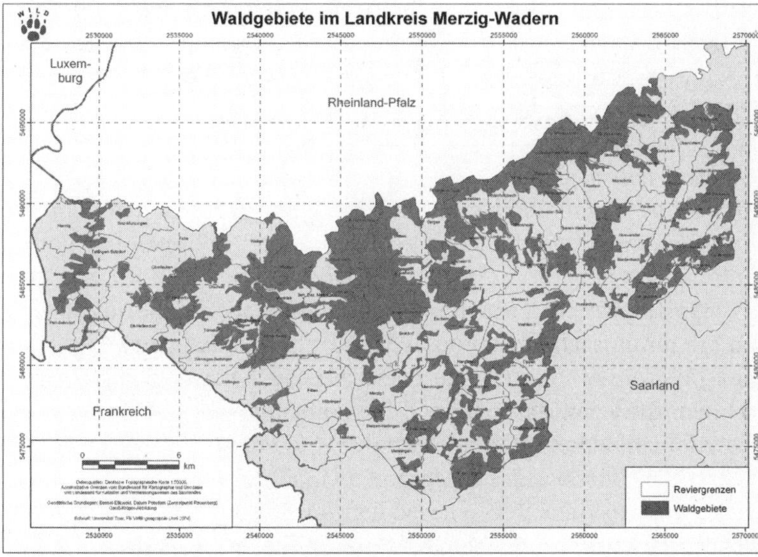

Verteilung der Waldgebiete im Landkreis Merzig-Wadern. Die nördlichen Waldungen grenzen alle an Wälder in Rheinland-Pfalz.

Für jedes Revier wurden die Wald-Feld-Anteile bestimmt und die seit 1994/95 getätigten Schwarzwildabschüsse erfasst. Gleichzeitig wurden die Schwarzwildabschüsse mit den Mast-Nachfolgejahren, extremen Witterungsereignissen, strengen Wintern, dem prozentualen Maisanbau einer statistischen „Signifikanz-Analyse“ unterzogen. Zuvor wurden jedoch die Gesamtstrecken untergliedert erstens nach den Erlegungszeitpunkten (Monate), zweitens nach dem Gewicht der erlegten Tiere (unter 30 Kilogramm; zwischen 30 bis 50 Kilogramm; über 50 Kilogramm) und drittens nach dem Geschlecht.

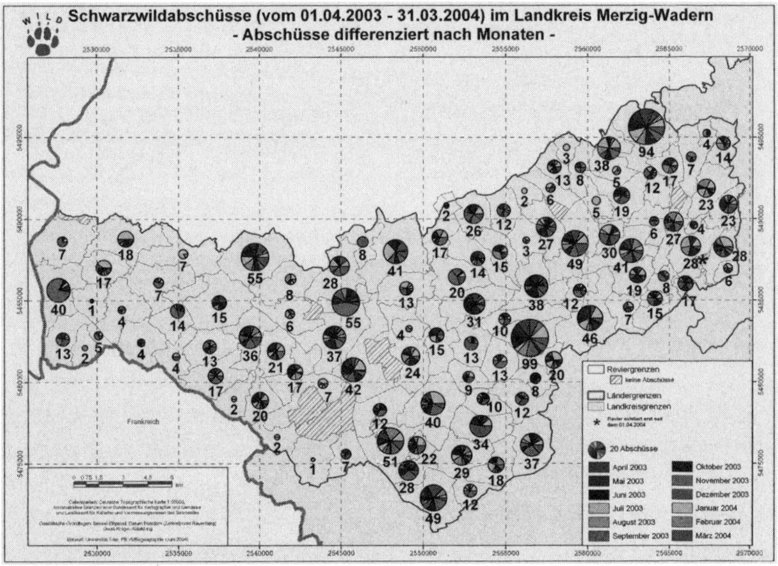

Monatliche Schwarzwildabschüsse in den einzelnen Revieren im Landkreis Merzig-Wadern im Jagdjahr 2003/2004. Deutlich ist zu erkennen, dass in manchen Revieren in jedem Monat Strecke gemacht wird. Es handelt sich dabei überwiegend um Reviere mit einem hohen Feldanteil und z.T. erheblichen Schwarzwildschäden.

Bei der gewichtsbezogenen Analyse zeigte es sich, dass die Gewichtsgruppe mit weniger als 30 Kilogramm durchschnittlich zwar mit 58 % vertreten war, jedoch nur in wenigen Revieren über 75 % lag.

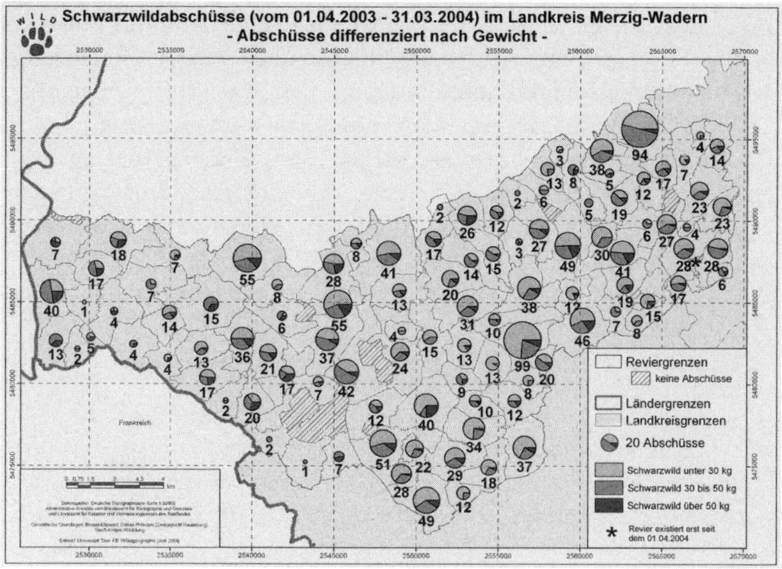

Schwarzwildabschüsse im Jagdjahr 2003/2004 differenziert nach den drei Gewichtsklassen (unter 30 kg; 30-50 kg; über 50 kg).

Bei Analyse der Schwarzwildabschüsse nach Geschlechtern wird sofort deutlich, dass viel zu wenig Bachen erlegt wurden, um aus jagdlicher Sicht ein „Abbremsen“ der Populationsentwicklung überhaupt bewirken zu können. Das Zahlenmaterial machte zudem sichtbar, dass insbesondere Überläuferkeiler die hohen „Männchen-Anteile“ begründen. Hier müsste bei den derzeitigen Beständen ein Umdenken zumindest bei den Ansitzjägern erfolgen:

Jede nichtführende jugendliche Bache sollte wo immer möglich vor jedem jugendlichen Keiler erlegt werden.

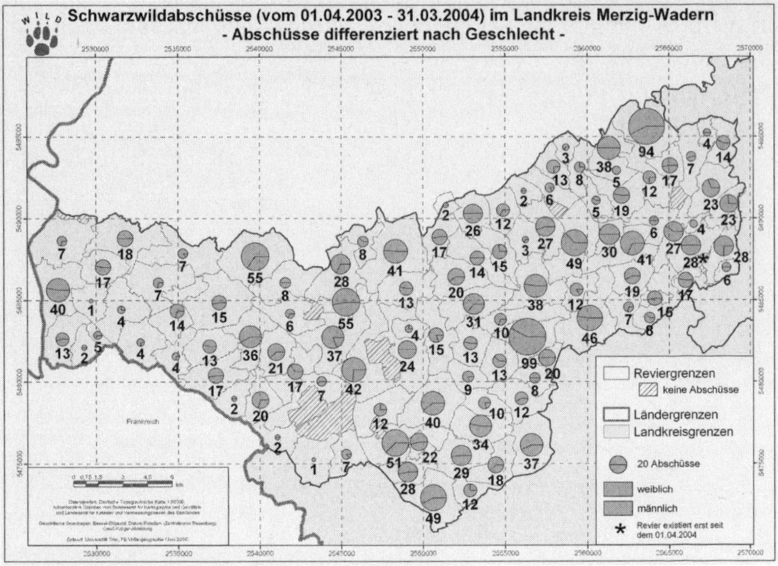

Schwarzwildstrecke im Jagdjahr 2003/2004 im Landkreis Merzig-Wadern, aufgeschlüsselt nach Geschlechtern auf Revierebene. Deutlich wird, dass wesentlich mehr weibliche Tiere geschossen werden müssten, um den weiteren Populationszuwachs zu stoppen.

Ein Vergleich aller Streckenergebnisse im Landkreis Merzig-Wadern seit 1976/77 bis 2007/2008 zeigt, dass zwei Faktoren für sie entscheidend sind:

1.) Der wichtigste Faktor sind Mast-Pulse bei Eiche und Buche. Während eines Mastjahres sinkt das Streckenergebnis. Die Gründe dafür sind insbesondere in Revieren mit überwiegender Ansitzjagd, dass die Attraktivität von Kirrungen für das Schwarzwild sinkt, bei gleichzeitiger Reduktion größerer Aktionsraumsverlagerungen. In Mastfolgejahren steigen die Strecken sprunghaft an. Mastfolgejahre waren im Landkreis Merzig-Wadern 1986, 1991/92, 1993/94, 1996/97, 1999/2000, 2002/2003 und 2007 (lokal auch 2008).

2.) Der zweitwichtigste Faktor ist der Bewölkungsgrad bzw. die Sichtververhältnisse bei zu- und abnehmendem Mond und eine vorhandene oder fehlende Schneedecke.

Das hier vorgestellte Beispiel aus dem nördlichen Saarland zeigt, dass es wichtig ist, die revierbezogene Bejagungsintensität und Bejagungsqualität (d.h. die exakte Streckenzusammensetzung) zu kennen.

Bei der Interpretation von Streckenergebnissen sollte grundsätzlich beachtet werden:

In wildschadensgefährdeten Gebieten (Feldjagden) wird Schwarzwild in fast jedem Monat bejagt.

- In den Waldjagden erfolgt der wesentliche Abschuss in der Herbst- und Winterperiode.
- Strenge Winter erhöhen die natürliche Mortalität insbesondere der Frischlinge (vor allem bei fehlender Mast).
- Ausreichend vorhandene Eicheln und Buchen verbessern die Ernährungsgrundlagen und reduzieren die Frischlingsmortalität.
- Vorhandene Eichelmast reduziert den Jagderfolg bei der Ansitz-(Kirr-)Jagd.

Strenge Winter (zur Beurteilung der Strenge eines Winters wird die Summe aller negativen Tagesmittelwerttemperaturen von November bis März erfasst; vgl. hierzu MÜLLER-WESTERMEIER et al. 2007) mit Schneedecke erhöhen ebenso wie günstige Mondscheinnächte den Jagderfolg.

Das Nahrungsangebot in der Feldflur (u.a. Weizen-, Hafer-, Mais-Anbau) ist von Bedeutung in der Vegetationszeit, hilft jedoch den Frischlingen nicht bei fehlender Eichen- bzw. Buchenmast über strenge Winter hinweg.

3.4 Schwarzwild-Strecken, Populationsdichten und Mast-Pulse.

Mehrfach hatten wir darauf aufmerksam gemacht, dass Streckenergebnisse nur Hinweise auf Populationstrends geben können, nur sehr eingeschränkt auf Populationsdichten. Natürlich existieren genügend Methoden, um Schwarzwildbestände besser abschätzen zu können, doch stehen die häufig in keinem vernünftigen Kosten-Nutzen-Verhältnis. Zwischenzeitlich ist es auch möglich, die Populationsdichte von Wildschweinen durch molekulargenetische Identifikation von Einzelindividuen via Haar- oder Faeces-Analysen abzuschätzen. Ob das aber ein sinnvolles Verfahren bei den derzeitigen Populationsdichten darstellt, sollte jeder selbst entscheiden. Die bisher getätigte Zahl erlegter Tiere pro Flächeneinheit liegt in Rheinland-Pfalz immer noch über der im Rahmen von Bekämpfungsprogrammen vorgegebenen Individuenzahl pro Flächeneinheit. Auch dabei lässt sich natürlich lange darüber streiten, ob die vorgegeben Dichtezahlen pro Quadratkilometer überhaupt angemessen sind für unterschiedliche Landschaften und Habitatqualitäten. HEBEISEN et al. (2008) kamen unter Einsatz sehr unterschiedlicher Erfassungsmethoden (Telemetrie, „Foto-Counting“ u.a.) im Kanton Genf zu Populationsdichten von 10,6 bis 10 Individuen/Quadratkilometer. „Reported densities were consistent with the ecological conditions of the study area“ (HEBEISEN et al. 2008). Sicherlich können wir davon ausgehen, dass wir zu ähnlichen Dichten in bestimmten Gebieten Deutschlands auch kommen würden, beachtet man dabei, dass in manchen Regionen bereits über 10 Individuen pro Quadratkilometer geschossen werden.

Dichteangaben scheinen zunächst nur sinnvoll zu sein für die Habitate, die den Haupt-Schlüssel für das Reproduktionsgeschehen der Wildschweine in Deutschland liefern, sommergrüne Wälder mit dominierenden Beständen an über 80-jährigen, fruktifizierenden Bäumen (insbesondere Eichen, Buchen, Kastanien). Ihre Mast-Pulse beeinflussen entscheidend die Reproduktion, insbesondere aber die Überlebensraten, die vorzeitige Fertilität und auch das keineswegs nur kleinräumige Wanderungsverhalten der Wildschweine (vgl. hierzu auch GETHOFFER, SODEIKAT und POHLMEYER 2007, MASSOLO und DELLA STELLA 2006, MÜLLER 2001, NAHLIK und SANDOR 2003).

Jahr	Strecke	Winter	Eichen-Mast	Buchen-Mast
1988			xxxxx	ca. 25 %
1988/89	25.576	mild		
1989			xxxxx	über 40 %
1989/90	18.109			
1990			xxxxx	über 50 %
1990/91	31.766			
1991			xxxxx	über 40 %
1991/92	41.569			
1992			xxxxx	***über 60 %***
1992/93	22.111			
1993			xxx	0 bis 5 %
1993/94	38.762			
1994			xxx	30 %
1994/95	40.772			
1995			xxxxx	über 40 %
1995/96	28.965	***streng***		
1996			xxx	unter 5 %
1996/97	41.584	***streng***		
1997			xxxx	unter 5 %
1997/98	28.428	***streng***		
1998			xxxxx	unter 5 %
1998/99	20.897			
1999			xxx	über 30 %
1999/2000	45.056			
2000			xxxxxx	über 30 %
2000/01	38.333	mild		
2001			xxx	bis 5 %
2001/02	58.528			
2002			xxxxx	***über 70 %***
2002/03	52.493			
2003			xxxx	unter 5 %
2003/04	66.665	mild		
2004			xxxxx	***über 65 %***
2004/05	51.686			
2005			xxx	unter 5 %
2005/06	61.812	***streng***		
2006			xxxxx	fast 50 %
2006/07	29.001	mild		
2007			xxx	ca. 15 %
2007/08	43.589	mild		

Mast-Pulse, strenge Winter und Schwarzwildstrecken in Rheinland-Pfalz.

Jahr	Strecke	Winter	Eichen-Mast	Buchen-Mast
1997		streng	xxxx	unter 10 %
1997/98	21.211			
1998			xxxx	bei 10 %
1998/99	21.940			
1999			xx	bei 10 %
1999/2000	33.643			
2000		mild	xxxxx	über 15%
2000/01	27.643			
2001			xx	über 15%
2001/02	46.162			
2002			xxx	über 25%
2002/03	55.265			
2003		mild	xxxxx	über 20%
2003/04	41.848			
2004			xx	ca. 5 %
2004/05	54.769			
2005		streng	xx	unter 5 %
2005/06	42.085			
2006		mild	xxxxx	über 20%
2006/07	26.246			
2007		mild	xx	ca. 5 %
2007/08	48.637			

Schwarzwildstrecken in Bayern (seit 1997/98), Mast-Pulse und strenge Winter.

Durch die „Waldzustandsberichte“ der Bundesländer, aber auch durch die Monitoringdaten der „Umweltprobenbank“ für die Buche, zahlreiche phänologische Beobachtungen im Rahmen von Messnetzen und durch Standortkontrollen liegen Grundlagendaten zur Kenntnis von Mast-Pulsen in Deutschland zwischenzeitlich vor. Sie zeigen, dass Mastjahre, strenge Winter und Schwarzwildstrecken bemerkenswerte Zusammenhänge aufweisen.

Ähnlich wie in Rheinland-Pfalz bestehen auch in Bayern Zusammenhänge zwischen Mastjahren und der Schwarzwilddynamik. Im Jagdjahr 2007/08 verteilen sich die Abschüsse höchst unterschiedlich über die einzelnen Landkreise und Regionen Bayerns. Von den 48637 Sauen entfielen 15609 auf Unterfranken (allein im Main-Spessart-Kreis wurden 4123 Tiere erlegt), 9318 auf die Oberpfalz und 6444 auf Oberfranken. Entsprechend ihres hohen Anteils an alpinen Lebensräumen sind die Landkreise Bad Tölz, Miesbach, Rosenheim oder Berchtesgaden mit jeweils weniger als 20 Sauen an der Gesamtstrecke beteiligt. In strengen Wintern (insbesondere in Mastfolgejahren) wird üblicherweise gute Strecke gemacht. Allerdings gibt es nur dann deutliche Einschnitte in den Populationen, wenn sich gleichzeitig die Mast-Situation verschlechtert.

In Rheinland-Pfalz waren die Jahre 2002 und 2004 durch einen sehr hohen Fruchtbehang bei Buche und Eiche gekennzeichnet. Der Winter 2005/2006 war streng. Durch nur geringe Mast zeichneten sich die Jahre 2003 und 2005 aus.

In den Mastfolgejahren erreichte die Schwarzwildstrecke mit 66665 bzw. 61812 Tieren absolute „Höhepunkte". Die Strecke brach ein nach einem strengen Winter mit darauffolgender Halbmast auf 29001 Sauen.

Interessant ist nun, dass der Streckenverlauf auch in den meisten anderen Bundesländern mit Waldanteilen von über 30 % weitgehend ähnlich war. Die geringste Schwarzwildstrecke bundesweit wurde im Jagdjahr 2006/2007 mit 287080 Sauen erzielt.

Manche Autoren waren damals bereits der Auffassung, „dass die Populationen nun einreguliert wären". Das Jagdjahr 2007/2008 mit Schwarzwildstrecken von 43589 Sauen in Rheinland-Pfalz und in der gesamten Bundesrepublik Deutschland von 477490 zeigten jedoch, dass diese Annahme falsch war.

Phänologische Aufzeichnungen der Umweltprobenbank-Arbeitsgruppen (Sitz: Biogeographie; Universität Trier) im Zusammenhang mit der Probenahme von Buchenblättern an Standorten in verschiedenen Naturräumen Deutschlands (von Schleswig-Holstein bis Bayern und vom Saarland und Rheinland-Pfalz bis nach Mecklenburg-Vorpommern) belegen (in Verbindung mit zahlreichen weiteren Beobachtungsprogrammen (vgl. u.a. BRUMMER und KHANNA 2008, SPELLMANN 2008, SUTMÖLLER, SPELLMANN, FIEBIGER und ALBERT 2008), dass die in Rheinland-Pfalz festgestellten Mast-Pulse und Klimaereignisse bundesweite Bedeutung besaßen. Die Schwarzwildstrecke „reagierte" in allen Bundesländern ähnlich wie in Rheinland-Pfalz.

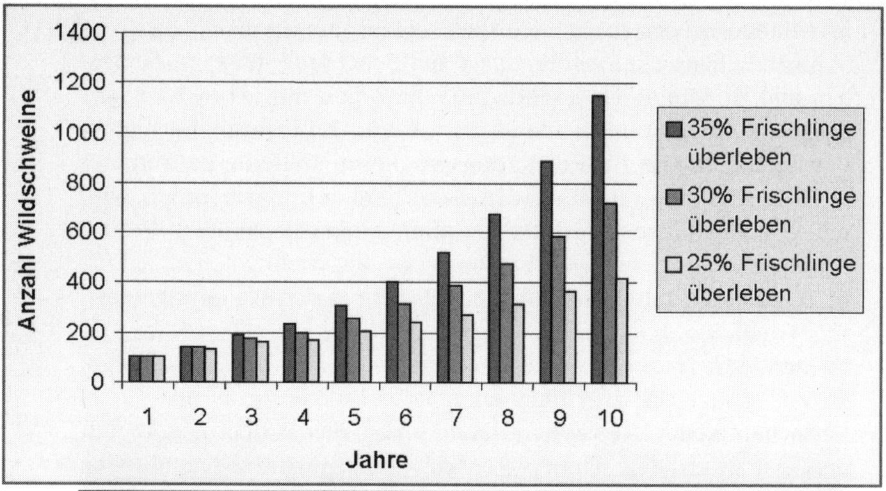

Entwicklung einer fiktiven Wildschweinpopulation während 10 Jahren unter der Annahme, dass 40% Überläuferbachen und 70% der älteren Bachen überleben

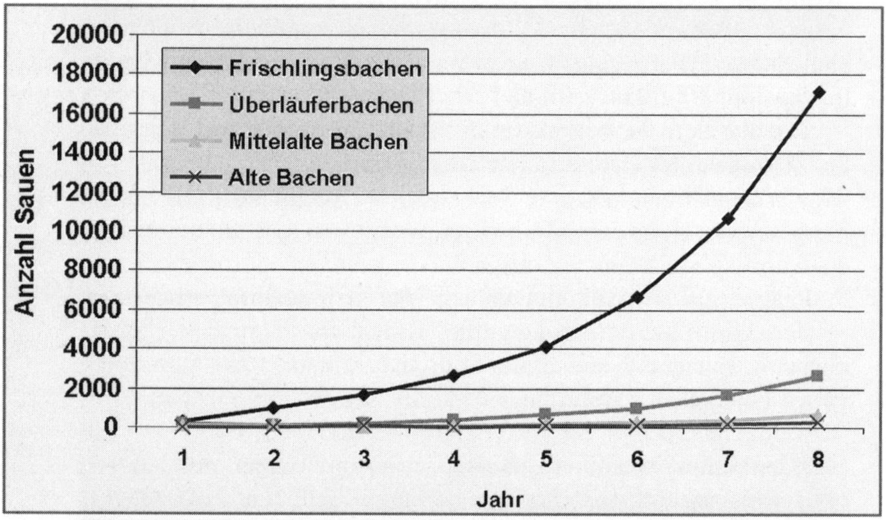

Überlebensrate der Frischlinge ist 25%, Reproduktionsrate ist 1

Insbesondere Matrizen-Populationsmodelle, die die jeweiligen Anteile aller Altersklassen und deren Überlebensrate berücksichtigten, zeigten, dass ohne eine scharfe Bejagung aller Frischlinge und der jungen Bachen ohne abhängige Frischlinge die Populationsanstiege nicht abgebremst werden können.

Wir hatten schon zuvor mehrmals darauf hingewiesen, dass die Schwarzwildstrecke, insbesondere bei Beachtung längerer Zeitreihen und Kenntnis der Jagdeffizienz der Jäger, nur „Hinweise“ auf die realen Populationsdichten liefern kann. Der Informationsgehalt von Streckendaten für Populationsprognosen sollte deshalb immer mit Vorsicht interpretiert werden. Festhalten dürfen wir jedoch, dass die Gesamtstrecke für die Populationsprognose weniger bedeutungsvoll ist als deren Zusammensetzung; am wichtigsten ist jedoch die Zahl und Vitalität überlebender Bachen in den Waldsystemen.

Milde Winter (die bei uns in den letzten beiden Jahrzehnten die Regel waren), eine deutlich erhöhte Biomassen-Produktion in der Agrarlandschaft (seit Mitte der 60er Jahre) und in den Wäldern, insbesondere aber eine dichte Abfolge von Mast-Jahren bei Buche und Eiche sind die primären Steuerungs-Faktoren für die deutliche Reduktion der Frischlingsmortalität bei Nahrungsengpässen im Winter.

Jagdliche Eingriffe werden bei der derzeitigen Populationshöhe des Schwarzwildes kompensiert. Klimawandel und hohe Stickstoff-Depositionen verstärken Qualität und Quantität der Mast-Zyklen (insbesondere bei Buchen und Eichen) und sorgen damit dafür, dass heute deutlich mehr Frischlinge die Winter überleben und sich frühzeitiger an der Reproduktion beteiligen können.

Natürlich dürfen auch jagdliche Einflussfaktoren (u.a. geänderte Einstellung der Jäger; unterschiedliche „Betroffenheit“ von Feld- und Waldjägern; „Ablenkfütterungen“) nicht unberücksichtigt bleiben. Sie spielen jedoch bei der gesamten Populationsentwicklung flächendeckend, was vergleichende Studien aus Gebieten mit sehr unterschiedlichen Jagdpraktiken belegen, eine völlig überschätzte Bedeutung.

Als „mast-puls-consumer“ ist das Schwarzwild entscheidend von exogenen Faktoren (Klimawandel; Nahrungsangebot insbesondere in winterlichen Engpässen) abhängig, die von der Jagd nur wenig oder nicht beeinflusst werden können. Aber dennoch kann die Jagd, wenn sie in Zukunft verstärkt diese ökosystemgesteuerten Pulse berücksichtigt, die Populationssteigerungen abfangen. Das ist jedoch nur möglich bei effizienter Umsetzung eines Bündels unterschiedlicher Jagdmethoden in allen Wald- und Feld-Revieren.

In vielen Programmen und Projekten der deutschen Bundesländer zur Reduktion überhöhter Schwarzwildbestände werden seit 2008 eine Vielzahl von Vorschlägen und „Anweisungen“ zur Reduktion überhöhter Schwarzwildpopulationen und zur Risiko-Minimierung von Schweinepest-Ausbrüchen vorgelegt. Manche lassen die „ökosystemare Herkunft“ der jeweils Verantwortlichen sichtbar werden, natürlich auch die zumindest auf dem Papier erzielten Kompromisse. Erfolgreich kann jedoch etwas umgesetzt werden, wenn es mit Überzeugung getan wird, mit Liebe zum Objekt, dem Schwarzwild, mit Passion, aber auch in Verantwortung nicht nur für die Gesellschaft, sondern für alle Biozönosen in der freien Natur. In dem „12-Punkte-Programm zur Bekämpfung der klassischen Schweinepest und zur Reduzierung überhöhter Schwarzwildbestände“ für die Jagdjahre 2007/08 und 2008/09 in Rheinland-Pfalz oder dem „10-Punkte-Papier“ von Nordrhein-Westfalen (März 2009) werden allgemeine Jagdstrategien gefordert, die im Einzelfall eine sorgfältige Überprüfung und Anpassung an die regionalen und lokalen Verhältnisse erfordern. Manche der Verordnungen enthalten auch terminologische Ungenauigkeiten, die allerdings gravierende Auswirkungen und Fehleinschätzungen nach sich ziehen können. Manche Empfehlungen fordern einen Schwarzwildbestand von „max. zwei Stück Schwarzwild pro 100 Hektar“, andere von „max. zwei Stück pro 100 Hektar Schwarzwildlebensraum“ und wieder andere von „max. zwei Stück pro 100 Hektar Waldfläche“. Ein Schelm, wer Schlechtes dabei denkt.

4. Flexibilisierung der Jagdmethoden und jagdliche Intelligenz.

Jeder einzelne Jäger besitzt Vorlieben für bestimmte Jagdmethoden, die einerseits durch Erfolgserlebnisse gestärkt oder durch Schwächen (z.B. beim Flüchtigschießen) verschleiert werden, die auf emotionalen Wurzeln und ethischen Einstellungen fußen, durch tradiertes Verhalten und/oder Bedürfnisse nach Geselligkeit und gemeinsamem Handeln begründbar sind. Jede Jagdmethode hat revierbezogen ihre Stärken und Schwächen. Bedenken wir nochmals, dass wir unsere Schwarzwildpopulationen nur in den Griff bekommen können, wenn wir langfristig den Frischlingsstreckenanteil auf über 75 % erhöhen, dann wird deutlich, dass wir wirklich ernsthaft an unserer jagdlichen Effizienz arbeiten müssen. „... der geforderte Frischlingsstreckenanteil von ca. 76 % wird nur durch äußerst disziplinierte und hochqualifizierte Jäger bei der Bejagung der Sauen möglich" (HINSCH 2007).

Hinzu kommt, dass jeder Jäger zwar eigenverantwortlich ist für „sein" Revier, dass jedoch alle wildbiologischen Erkenntnisse belegen, dass nur ein revierübergreifendes Wissen und Handeln, das ja auch den Anpassungskünstler Schwarzwild auszeichnet, wirklich zielführend ist. Es geht nicht nur um formelle „Bildung" von Schwarzwildringen, sondern um deren Populationsdaten und Effizienz; es geht um die Schaffung transparenter und nachvollziehbarer Grundlagendaten über das Populationsgeschehen des Schwarzwildes in unseren Großlandschaften. Dazu reichen die bisher üblichen „Streckenberichte" nicht aus, weil sie die Dynamik des eigentlichen Populationsgeschehens meist verschleiern und nur Anlass geben zu beliebigen Interpretationen sich selbst überschätzender Kaffeesatzleser aus Politik, Jägerschaft und anderen Menschen.

Wesentlich ist, dass eine wirkliche Populationskontrolle des Schwarzwildes in der jetzigen Situation nur möglich ist, wenn wir vorurteilsfrei jede tierschutzakzeptable Jagdmethode revierbezogen, revierübergreifend und den Verhältnissen vor Ort, d.h. ökosystemgerecht, prüfen und sofern sie zielführend ist, konsequent einsetzen. Wer nur für revierübergreifende Bewegungsjagden plädiert, sollte endlich akzeptieren, dass die Schwarzwildschäden in der Feldflur entstehen, wo diese Form der Jagd meist nicht möglich ist. Sie entstehen auch nicht bei bestem Vollmond, sie entstehen in der Dunkelheit der Nacht oder bei Regenwetter. Auch Einfälle von Rotten in die Verdichtungsräume oder auf die Friedhöfe, in die Bodenbrüterschutz- oder Naherholungsgebiete lassen sich mit Bewegungsjagden nicht verhindern. Bewegungsjagden dienen primär dazu, den Bestand an Schwarzwild abzusenken.

Es muss an dieser Stelle nicht nochmals auf die Streckenentwicklungen in allen Bundesländern hingewiesen werden. Dort wo Streckenberichte aus dem 19. Jahrhundert vorliegen, ist ein Vergleich interessant, um die gegenwärtige Situation für alle Beteiligten deutlich vor Augen zu führen. So ist z.B. aus Streckenberichten von „sämtlichen Staats-, Gemeinde- und Privatjagden der Pfalz vom 1. Juni 1866 bis 1. Juni 1867“ zu entnehmen, dass insgesamt nur 90 Sauen erlegt wurden (Pfälzischer Jagdschutzverband von 1878, in MÜLLER, H. 1978), im Jagdjahr 2007/08 waren es 43 589. Allerdings wurde in den Statuten des Pfälzischen Jagdschutzvereins von 1909 festgeschrieben, dass es sein Zweck sei, die (§ 1) „Hege und Pflege der Jagd durch waidmännische Behandlung und Ausübung, ohne das Wild durch übermäßiges Hegen zum Schaden der Land- und Forstwirtschaft überhand nehmen zu lassen, deshalb auch Vertilgung des kulturfeindlichen Schwarz- und Ausrottung des schädlichen Raubwildes“. In späteren Satzungen wurden Hinweise auf „Vertilgung“ oder gar „Ausrottung“ bestimmter Tierarten ersatzlos gestrichen (vgl. u.a. Satzung des Pfälzischen Jagdschutzvereins vom 30. Mai 1926).

Allerdings mussten bereits 1925 „außerordentliche Maßnahmen zur Schwarzwildbekämpfung in der Pfalz“ ergriffen werden (Mitteilungen der Regierung der Pfalz, Kammer der Forsten, vom Februar 1925). Es folgten Vorschriften zur Regulierung von Schwarzwildschäden (18. Januar 1927), die Bezahlung von Prämien für jedes erlegte Stück Schwarzwild durch den Bayerischen Staat (10 Reichsmark) bei stillschweigender „Legalisierung“ von Saufängen und Fallgruben. Nach Rückgliederung des Saarlandes an das „Deutsche Reich“ wurde vom „Jagdamt Saarpfalz“ festgestellt, dass das Schwarzwild „abgenommen habe“ (1937 = 729 Sauen; 1938 = 427 Sauen). Damals war man der Meinung, dass „durch die Bauarbeiten am Westwall an der Südgrenze der Zuzug von Schwarzwild aus den elsässischen Wäldern stark behindert wird“. Allerdings stellte man auch fest, dass „der Herbst 1938 eine besonders gute Eichel- und

Buchenmast brachte, weshalb die Auffassung berechtigt war, dass die Schwarzwildbestände sich wieder erholen werden".

Das taten sie denn auch, wie die Streckenberichte für ganz Rheinland-Pfalz von 1954 (= 4633) bis 1961 (= 6651) belegen.

Ähnliche Berichte aus anderen Bundesländern bestätigen, dass sich unsere Einstellung zum Schwarzwild in den letzten 300 Jahren grundlegend gewandelt hat. In Schleswig-Holstein wird ab 1739 das Schwarzwild so intensiv mit „Massentreibjagden" dezimiert, dass seine Populationen 1760 in verschiedenen Landkreisen erloschen waren, und „es vegetierten diese flotten Burschen im 19. Jahrhundert nur noch zwischen Sachsenwald und Mecklenburg" (JESSEN 1988).

In der ersten Forsteinrichtung für den Staatsforst Kottenforst nach dem Wiener Kongress, einem Waldgebiet mit „hoher Schwarzwildpopulation" vor den Toren von Bonn heißt es 1829: „Das Schwarzwild, welches gelegentlich in einzelnen Stücken aus den Gebirggegenden herunterwechselt, hält sich hier nicht und wird nach den höheren Bestimmungen zu jeder Zeit abgeschossen, um die Landleut gegen Beschädigung ihrer Felder zu schützen."

Bei den niedrigen Populationsdichten vor dem 1., aber auch z.T. noch vor dem 2. Weltkrieg war es jagdlich durchaus möglich, selbst nach optimalen Mastjahren, das Schwarzwild zu „kontrollieren". Bei den derzeitigen Beständen und den für sie optimalen Ernährungsverhältnissen im Wald, in der Feldflur und in der Nähe von Verdichtungsräumen sind erhebliche Anstrengungen notwendig, um die Populationen so weit abzusenken, dass sie auch nach Mastjahren noch jagdlich „reguliert" werden können.

In der jetzigen Situation müssen alle landschaftsangepassten, intelligenten, aber auch tierschutzgerechten Jagdmethoden eingesetzt werden, um einen weiteren Populationsanstieg dieser schlauen Anpassungskünstler abbremsen zu können. Es gilt nicht das Erzählte, sondern nur das Erreichte.

„Allgemein erfordert der hohe Intelligenzgrad des Schwarzwildes große Flexibilität und Können beim jagdlichen Handwerk unter Ausschöpfung aller Jagdmethoden" (ELLIGER, LINDEROTH, PEGEL und SEITLER 2001).

Zu diesen jagdlichen Methoden gehört auch die Kirrjagd, die jedoch nur dann berechtigt ist, wenn entsprechend der ausgebrachten Kirrmenge auch Strecke gemacht wird.

4.1 Kirrjagd von überzogenen Verordnungen befreien.

Die heute im Lebensraum jährlich zur Verfügung stehende Waldbaummast und landwirtschaftliche Biomasse steht in keinem Verhältnis zur zusätzlichen Nahrungszufuhr, die das Schwarzwild durch illegale Fütterungen oder legale Kirrungen in ganz Deutschland erhält. Natürlich werden das diejenigen nicht gerne hören, die möglichst einem „klar definierbaren Täter die Schuld an der Schwarzwild-Problematik" zuordnen. Die in manchen Gebieten vor Verabschiedung unterschiedlicher „Kirr-Verordnungen" ausgebrachten „Futtermengen" störten zwar vielleicht manchmal das Auge des Beschauers, sie standen und stehen aber in keinem Verhältnis zur gesamten Nahrungsmenge, die dem Schwarzwild heute in der freien Landschaft zur Verfügung steht.

Ziel der Kirrung ist per definitionem die Erbeutung des Wildes. Wer kirrt, muss auch schießen, d.h. er kann seine Kirrung nur durch Steigerung jagdlicher Effizienz begründen. „Kirrt er, aber schießt nicht" (MÜLLER 2009), dann wird aus der Kirrung eine Fütterung. Jede darüber hinausgehende Definition erfordert sorgfältiges Abwägen, muss naturgemäß das jeweilige Missbrauchspotential berücksichtigen, erzwingt auch Definition und Klarstellung eingesetzter Lockmittel, muss die wildbiologische Situation und die unterschiedlichen Standorte berücksichtigen. Sie darf weder zu einer Kriminalisierung gutwilliger Jäger noch zu einer Instandbesetzung der Reviere durch übereifrige, häufig ideologiegesteuerte, angeblich nur das Wohl der Gesellschaft im Auge habende, selbsternannte Heils- und Hilfssheriffs werden.

Kirrungen haben die Aufgabe, das Wild an einen bestimmten Platz zu locken, um es zu erlegen. Bisher ist mir noch keine Schwarzwildrotte begegnet, die wegen einer Handvoll trockenem Mais oder wegen drei Kilogramm sich zu einer Kirrung begibt, wenn sie in der Feldflur frei zugänglich Tonnen davon in der Milch vorfinden kann. Ich kenne auch keine sog. „Ablenkfütterung", die Sauen im Wald sicher zurückhält, wenn der Hafer im Feld die Milchreife erreicht hat. Die Größenordnung der Probleme stimmt bei uns nicht mehr, was letztlich auch damit zusammenhängt, dass viele das Mastgeschehen in den Wäldern kaum noch gezielt verfolgen und den Nährstoff-Input durch die Landwirtschaft völlig unterschätzen. Allein die Tatsache, dass unsere Wälder seit etwa 1960 eine bis zu 30 % erhöhte Biomassenproduktion zeigen, begründbar auch durch verbliebenes Streuholz in den Wäldern, deutlich erhöhte und düngende Stickstoffzufuhren aus Landwirtschaft und Straßenverkehr sowie verlängerte Vegetationsphasen durch mildere Winter und verstärkte Niederschläge in der Vegetationsphase, sollte doch alle Kritiker der Kirrjagd aufmerken lassen.

Statt sich über Kirrungen im Wald aufzuregen, sollten sich manche „Naturschützer" um die flächendeckende Kirrung durch die Landwirtschaft in unseren Landschaften kümmern. Dazu fehlt aber sowohl ihnen wie auch vielen zuständigen Verwaltungen der Mut. Stattdessen fördern sie meist mit Mitteln der Jagdabgabe „Mageninhaltsanalysen" bei Wildschweinen, um damit wieder nachzuweisen, wie wichtig die ordnungsgemäße Regulation der Kirrjagd sei.

Die in vielen „Kirr- und Fütterungsverordnungen" einzelner Bundesländer festgelegten „Obergrenzen" für Kirrmaterial, deren Zusammensetzung und vorgeschriebene „Dichte pro 100 Hektar", lösen die Probleme nicht. Sie führen einerseits zu überflüssigen „Beschäftigungsimpulsen" bei Überwachungsbehörden, sorgen für eine Erhöhung der Zahl die Landschaft kontrollierender „Gutmenschen" und reduzieren, das sei anerkannt, auch die Zahl deutlich „sichtbarer und geschmackloser Kirrhaufen" in unseren Landschaften. Andererseits führen sie jedoch auch zu völlig neuen „Kirrmethoden", weil die in den jeweiligen Kirrverordnungen „verbotenen Methoden" natürlich umgangen werden können.

Entscheidend ist doch letztlich nur, dass durch das Kirren mehr und vor allem die richtigen Zuwachsträger aus einer Schwarzwildpopulation herausgenommen werden. Sicherlich kann man mit der Kirrjagd allein unter den heutigen Bedingungen keine Schwarzwildpopulation „regulieren". Sie ist aber als eine Methode auf Revierebene unverzichtbar, um gezielt nicht führende Bachen selektiv zu bejagen.

Allerdings muss auch darauf hingewiesen werden, dass die Erfolge der Kirrjagd mit Mais in Eichenmastjahren aus nahe liegenden Gründen deutlich zurückgehen (MÜLLER 1991). In Gatterversuchen hat sich gezeigt, dass Eicheln in der Beliebtheitsskala beim Schwarzwild deutlich vor Mais rangieren.

Das belegen auch Befragungsergebnisse in traditionellen Kirrjagdgebieten.

In den Jahren 1987 bis 1989 und 1991 bis 1994 gab es im nördlichen Saarland und angrenzenden Rheinland-Pfalz eine Häufung von Mastjahren bei der Eiche. In vielen Revieren mit traditioneller Kirrjagd sank die Strecke auf unter 40 % des Mittelwertes der vorangegangenen Jahre.

Da die Kirrjagd „viel praktiziert, aber wenig kommuniziert" wird (RAKOW 2008), startete „Wild und Hund" eine Umfrage unter Jägern, und 1593 beantworteten den Fragebogen. Das Ergebnis war eindeutig. 55 % der Schwarzwildabschüsse wurden an der Kirrung (bevorzugt im Wald) getätigt, 19 % auf der Einzeljagd, 26 % auf der Drückjagd. Als Kirrmaterial wurde überwiegend Mais verwendet, daneben Getreide, Baumfrüchte, Hackfrüchte u.a. 81 % der Jäger setzen als zusätzliche Lockmittel Buchenholzteer ein, 80 % Salzlecksteine.

Rund die Hälfte aller befragten Jäger kontrollieren ihre Kirrungen täglich. Bevorzugte Ansitzeinrichtung ist mit 58 % die „geschlossene Kanzel". Viele Jäger benutzen sinnvollerweise zusätzlich auch „Alternativsitze", um bei schlechtem Wind an der Kirrfläche jagen zu können (vgl. hierzu auch die Befragungsergebnisse von ELLIGER et al. 2001 in Baden-Württemberg).

Wir brauchen eine I n t e n s i v i e r u n g der Kirrjagd im Wald als ein unverzichtbares jagdliches Instrument zur Populationsreduktion. Wir brauchen keine „Ablenkfütterungen" im Wald. Zum Kirren verwenden wir heute überwiegend Eicheln, wodurch auch in Mastjahren noch ausreichende Attraktivität gesichert werden kann und zukünftige Aktionen und Kontrollen durch „Gutmenschen" und „Dr. Wichtigs" obsolet werden.

4.2 Plädoyer für die Ansitzjagd.

Kenner wissen, dass die Ansitzjagd die Jagdart mit den geringsten Kollateralschäden ist. Natürlich gibt es auch „Spezialisten", die sie in Misskredit brachten, weil sie aus dem versteckten Ansitz eine Dauerbelagerung machten, weil alle Wildtiere die von dort ausgehende Gefahr längst erlernten, alte erfahrene Bachen die Kanzeln meist weit umschlagend ihre Rotten in Sicherheit brachten und weil sie, modernen Windrädern in Einzelfällen an ästhetischem Reiz durchaus ebenbürtig, landschaftliche Ärgernisse sein können. Natürlich benötigen wir „Dauerhochsitze" in besonders wildschadensgefährdeten Gebieten in der Feldflur, brauchen sie auch als „strategische" Stütz- und Beobachtungspunkte bei der nächtlichen Pirschjagd, müssen sie auch bei festgelegten Kirrplätzen benutzen. Aber ihre eigentliche jagdstrategische Bedeutung erhalten sie insbesondere dann, wenn sie in die jahreszeitlich wechselnde Populations- und Wanderungsdynamik des Schwarzwildes landschaftlich eingepasst sind, das heißt, wenn sie neben dem Jahresgang der Vegetation hangparallele Zwangswechsel und die nahrungsökologisch attraktivsten Habitate, insbesondere auch die Intelligenz des Schwarzwildes, berücksichtigen. Das bedeutet jedoch, dass diese offenen Kanzeln keineswegs dauerhaft benutzt werden sollen. Manche von ihnen besitzen nur Bedeutung zu ganz bestimmten Zeiten, Wochen oder Monaten. Es darf keinen „Gewöhnungseffekt" geben. Am besten sind sie, wenn das Schwarzwild sogar vertraut in ihrer Umgebung bricht, schon längst vergessen hat, dass die Rotte in den Monaten zuvor dort schon manches Mitglied verloren hat.

Jeder, der Schwarzwild in Mittelgebirgslandschaften mit einem Wechsel aus Wald, Wiesen und Feldern bejagt, weiß, dass Schwarzwild als Folge des Jagddruckes seine Aktivitäten nicht nur in die Nacht verlagert, sondern, solange die Feldflur von strahlendem Mondlicht durchflutet wird, auch nicht gewillt ist, gefährliche Flächen zu überqueren. Deshalb ist es sinnvoll, leichte offene Kanzeln unter Berücksichtigung der Hauptwechsel des Schwarzwildes in den Wald zu verlagern. Diese Kanzeln sind keineswegs in jedem Monat wichtig und besitzen meist auch während der Hauptvegetationszeit für die Jagd keine Bedeutung. Sie stehen die meiste Zeit des Jahres „unberührt" im Bestand einfach herum. Aber in Mastphasen von Buchen und Eichen, wenn die Blätter gefallen sind und der zunehmende Mond den Wald erhellt, dann werden gerade sie zu einem unverzichtbaren Instrument der selektiven Bejagung.

Die Kanzelstandorte ergeben sich aus der Lage besonders attraktiver Mastbäume und der bevorzugten „Wanderungsrouten“ des Schwarzwildes zwischen unterschiedlichen Revieren, voneinander nur durch Hochwald getrennten Dickungskomplexen. Ideal sind Standorte, die 20 bis 30 Meter vom Waldrand entfernt an einer Hangkante im Wald stehen, mit Blick über die Hangkante in den Hochwald und durch die Randbäume auf die gefährdete Feldflur. Waldverbindungsstreifen in der Feldflur, Brücken zwischen größeren Waldkomplexen, eingerahmt von Wiesen und Feldern, erweisen sich als prädestiniert. Auch hier ist wichtigste Voraussetzung die genaue Kenntnis des jeweiligen Reviers, die gesicherte Möglichkeit, die Sitze auch nachts zu erreichen, wenn das Rehwild auf der Suche nach Bucheckern und Eicheln die Waldstreu durchwühlt, die Kenntnis der jahreszeitlich wechselnden unterschiedlichen Bedürfnisse und „Zielvorstellungen“ des Schwarzwildes und nicht zuletzt das auch davon abhängige Bewegungs- und Aktivitätsmuster der Sauen.

Das alles erfordert Wissen und Professionalität, setzt keine architektonischen Meisterleistungen beim Kanzelbau voraus. Der Standort ist entscheidend.

Meine Lieblingssitze sind drei Meter hoch, oben und nach allen Seiten offen, Wind und Regen ausgesetzt, eigentlich typische Drückjagdsitze. Natürlich haben wir in der Feldflur auch andere Sitze, aber deren Funktion ist die „Verteidigung“ der Feldflur, eine Notwendigkeit, die der reine Waldjäger meist nur vom Hörensagen kennt.

Eine dieser Wald-Kanzeln, die „Bremerbergkanzel“, ist alles andere als eine Kanzel. Nach dem ortsüblichen Sprachgebrauch war sie „professoral geknaupt“, das heißt „knifflig zusammengenagelt“, aber stabil. Der drei Meter hohe Sitz war mit Brettern wie ein einfacher Drückjagdsitz abgesichert; der Ostwind konnte voll hindurch fegen. Er stand an einer Hangkante, erreichbar von Westen her über einen Premiumwander- und einen in einem Hangrutsch endenden und damit wenig begangenen Holzabfuhrweg. In die steilen südexponierten Hänge hatte der Regen tiefe Erosionsrinnen eingeschnitten, die von wilden Enduro-Fahrern früher als illegales „Trainingsgelände“ benutzt wurden. Nachdem ich alle jungen und auch ältere Geländefahrer mit „Wildfotofallen“ identifiziert, aber nicht angezeigt hatte, konnte ich sie in einem von mir „einberufenen, vernünftigen Gespräch" zu einem Revierwechsel „überreden". Durch den von Buchen und Eichen dominierten Hochwald konnte man ins Tal auf einen weiteren Wanderweg blicken, der auch von Gesundheitsfanatikern mit und ohne „Stöcken" zum Laufen und schnellen Gehen, manchmal auch von Reitern mit Hundebegleitung benutzt wurde. Im oberen Teil des Hanges lagen bis auf fast 400 Meter ü.M. wild durcheinander geschobene, sturmbezwungene Altbuchen und Eichen, die trotz des heute immer deutlicher werdenden Mangels an Brennholz einer Bergung bisher widerstanden. Der Energieaufwand stand offensichtlich in keinem Verhältnis zum Brennholznutzen, jedenfalls noch nicht.

Vom Sitz aus konnte man in einem Umkreis von etwa 200 Metern das „Treiben" im Wald beobachten. Auf den Wegen dominierte am Tag Homo sapiens, die Hanglagen waren aber das Eldorado von unterschiedlichen Tierarten, die sich an die Waldbesucher gewöhnt hatten, deren Duft auch durch die 120 bis 160 Jahre alten Eichen und Buchen verweht wurde. Hangparallele Wechsel von Reh- und Schwarzwild hatten sich in die Parabraunerden auf den steilen Hängen eingegraben, „Premiumwanderwege" der Tiere, von wo aus sie Reiter und Wanderer ruhig beobachten, menschliche Witterung als harmlos erfahren konnten. Das erleichterte das Pirschen, und man konnte den Sitz selbst dann erreichen, wenn Wild bereits in den Hanglagen nach Bucheckern und Eicheln suchte. Schon manche Sau hatte ich hier erfolgreich beschlichen und erlegt. Das Hauptproblem war die Bergung der Beute aus dem wilden Hangverschlag, zwischen umgestürzten Baumriesen, und aus den tiefen Erosionsrinnen. Ich liebe diesen Sitz, weil ich ihm viele Einsichten in das individuell sehr unterschiedliche Verhalten von Wildtieren verdanke. Selbst wenn man ohne Beute zurückkehrt, jeder Nachtansitz erweiterte mein Wissen über das Geschehen in diesem Revierteil.

„Nur noch fünf Minuten!“

Der Neujahrsbeginn lag sechs Tage zurück, und verschiedene Parteien benutzten, wie in jedem Jahr, die „Heiligen drei Könige“, um ihrer Wahlklientel die Wahrheiten dieser Welt lautstark je nach Couleur bei Weißwürsten oder Heringen zu verkünden. Die Seifenblasen virtueller Finanzjongleure platzten rund um die Welt, und tagtäglich wurden neue „Rettungsaktionen“ geschmiedet, um eine auf Pump und auf Kosten nachfolgender Generationen aufgebaute Welt vor dem Kollaps zu bewahren. „Yes we can“, kam die Parole eines neuen Messias aus dem Land der plötzlich doch begrenzten Möglichkeiten. Aber es ist schwieriger Probleme zu lösen, als über ihre Lösungen zu reden.

Ein steifer Ostwind wehte mir um die Nase, als ich mich langsam, mehr stehend als gehend oder pirschend, mehr lauschend als nachdenklich, aber hellwach über den Holzabfuhrweg in Richtung „Bremerbergkanzel“ bewegte. 21 Uhr, versicherten mir neun Kirchturmschläge, und in der Ferne kündeten zwei Silvesterknaller, dass irgendwo irgendjemand noch auf vergessene „Raketen“ gestoßen war. Im Hang unterhalb scharrte Rehwild. Ohne ihr warnendes „Schrecken“ erreichte ich die Kanzel, spähte zunächst in die Runde, rückte dann das einfache Sitzbrett zurecht und bewunderte wie so oft den ungeheuren Sternenhimmel. Wie wenig haben wir bisher begriffen von diesem gewaltigen Kosmos, der die Bühne liefert für die uns Jäger faszinierende Biodiversität, dessen Grundregeln Leben und Tod, Wandel und Kampf bedeuten, Evolution, die auf Vergehen und Neuanfang gründet.

Das Mondlicht spielte mit den Baumstämmen, zauberte lange, durch Erosionsrinnen verzerrte Schatten auf den laubbedeckten Boden. Immer wieder klang das kräftige Scharren von Rehläufen zu mir herauf. Deutlich erkannte ich im 56er Glas eine starke Geiß mit ihren beiden Kitzen, Geiß- und Bockkitz. Vom Osten her schob sich ein kräftiger Bock ins Glas. Sein Bastgehörn überragte deutlich die Lauscher. Auch er suchte mit gesenktem Haupt nach Eicheln. Sonst tat sich nichts. Keine Rötel-, Gelbhals- oder Waldmaus suchte im Falllaub unter dem Sitz. Im Gegensatz zum vorausgegangenen gab es diesmal kein Mäusejahr, was natürlich auch die Überlebenschance der Eicheln und Bucheckern, das Verjüngungspotential des sommergrünen Laubwaldes, deutlich erhöhte. Der Bestand besaß deshalb in diesem Jahr auch nur geringe Attraktivität für Reineke und unsere Wildkatzen, die sonst fast immer hier von mir beobachtet werden konnten. Beim Rotfuchs könnte natürlich auch unsere konsequente Bejagung sein Fernbleiben erklären, aber natürlich nicht für die Wildkatze, für die wir eine Vielzahl von Schutzmaßnahmen ergriffen hatten.

Es blieb still, und der Frost zog langsam ein, zunächst über die Jagdstiefel und die von meiner Frau extra für mich gestrickten dicken Wollsocken, dann drang er zum Hintern vor. „Es ist der Geist, der sich den Körper formt", dachte ich, ein Satz, den Generationen von Studenten hören mussten, wenn sie auf Exkursionen in unwegsamem Gelände, im verschneiten Mittleren Atlas, in den Abruzzen oder in der sonnendurchglühten Mittagshitze des dalmatinischen Karsts schlapp machen wollten. Ich erhob mich vom Sitz und machte geräuschlose Blutzirkulationsübungen, natürlich ohne den Waldboden in meiner Umgebung aus dem Auge zu verlieren. Es war 23 Uhr, als ich anfing mir Mut zu machen. „Nur noch fünf Minuten!" Auch dieser Satz ist vielen meiner Freunde bekannt. Er ertönte fast automatisch, wenn diese von der Aussichtslosigkeit eines Unterfangens „überzeugt waren" und zur Umkehr mahnten; und fast immer dann tat sich plötzlich auch Etwas, entdeckten wir Neues, manchmal sogar, wie in den Regenwäldern Amazoniens, eine für die Wissenschaft neue Art. Diesmal glaubte ich, ein schleifendes Rascheln im Laub auf einem der sitznächsten hangparallelen Wechsel vernommen zu haben. Ich lauschte nach unten, spähte. Kaum sechs Meter vor mir tauchte aus einer Bodenwelle ein Baummarder auf. Jahre zuvor hatten wir in diesem Gebiet fast alle Baum- und Steinmarder gefangen und mit Halsbandsendern ausgestattet. Der Fang der Baummarder und insbesondere ihr Wiederfang gestaltete sich dabei als wesentlich einfacher als in der Literatur beschrieben. Oftmals mussten wir die Lebendfallen schließen, um nicht in jeder Woche zweimal den gleichen, bereits besenderten Baummarder zu „begrüßen". Der Wiederfang der Steinmarder war da doch wesentlich schwieriger. Meist hatte der territoriale Rüde oder die Fähe erst nach zwei Monaten die Stresssituation in der Falle vergessen. Das Hühnerei konnte noch so verlockend duften.

Mein Baummarder turnte unter der Kanzel durch und machte sich dann in einer lückigen Buchennaturverjüngung zu schaffen. Meine Füße und meinen Hintern hatte er aber wieder erwärmt, natürlich auch meine Jagdgene aktiviert. „Nur noch fünf Minuten“; die Kirchturmuhr meldete 23.30 Uhr.

Und dann tauchten sie plötzlich im Talgrund auf, sieben, nein neun, nein vierzehn unterschiedlich große, kompakte, dunkle Gesellen. Vorneweg offensichtlich eine mittelgroße Bache, gefolgt von vier dickeren Stücken, dann drei kleinen und vier kräftigeren Frischlingen, schließlich eine auffallend starke Bache und dann – mit einigem Abstand – ein deutlich noch stärkeres Stück, vermutlich ein mittelalter Keiler. Die Rehe warfen nur kurz auf; man kannte sich. Das Scharren der Rehe hatte sicherlich auch den Sauen signalisiert, dass die Luft rein war.

Sie zogen wie an einer Perlenschnur hangparallel in Richtung Bremerbergkanzel; dann verschwanden sie in einer Erosionsrinne, schienen dort erfolgreich Eicheln im Falllaub zu ernten. Endlich tauchte die mittelgroße Bache wieder auf, die offensichtlich die Gruppe führte. Sie schob sich langsam, der Erosionsrinne folgend, in Richtung Kanzel. Wieder verschwand sie in der Rinne. Dann, wie auf Befehl, stand die ganze Rotte wie auf dem Präsentierteller vor mir, jeder Wurf war nach oben gerichtet. Sie konnten keinen Wind von mir bekommen haben, sie signalisierten nur die weitere Wanderrichtung. Als einer der kräftigeren Frischlinge breit stand, donnerte die 6,5 x 68 durch den Hang, krachte die Rotte durch die querliegenden Stämme auf meine Kanzel zu. Offensichtlich konnten sie die Quelle der Gefahr nicht ausmachen. Sie stoben 20 Meter östlich von mir über den Holzabfuhrweg, hinein in den Hang über mir, sicherten zurück zu der Stelle, wo ein Frischling sich überschlagend zwischen umgestürzten Baumstämmen sein Ende gefunden hatte. Das beleuchtete Fadenkreuz hatte einen zweiten Frischling erfasst. Als der Schuss brach, donnerte die Rotte in Richtung Staatsforst davon. Der zuletzt beschossene Frischling rollte sich überschlagend den Hang herunter bis auf den Holzabfuhrweg. „Nur noch fünf Minuten“, dachte ich befriedigt, bevor ich meinen Hund holte und die halsbrecherische Nachsuche mit einem hochpassionierten, allerdings die Geländegängigkeit seines Herren noch nie berücksichtigenden Drahthaar begann. Nach 90 Metern standen wir vor dem zuerst erlegten Frischling von 32 Kilogramm, die allerdings beim Bergen aus dem Hang mir deutlich schwerer vorkamen. Der andere Frischling lag direkt neben dem Holzabfuhrweg. Glück muss der Jäger haben.

4.3 Revierübergreifende Bewegungsjagden ausweiten und qualitativ verbessern.

Dort wo geschlossene Waldungen dominieren, werden Bewegungsjagden seit Jahrzehnten insbesondere in den Monaten Oktober bis Januar häufig bevorzugt. Als revierübergreifende Bewegungsjagden sind sie auch im Herbst und Winter zur Populationsreduktion zwingend erforderlich. Sie ergänzen damit Ansitzjagd und Pirsch, können diese aber nicht ersetzen. Es gibt auch Reviere, die für Bewegungsjagden völlig ungeeignet sind.

Sinn und Zweck von Bewegungsjagden ist die Reduktion der Populationsdichten. Auch diese notwendige Jagdmethode muss qualitativ verbessert werden.

Stark befahrene Straßen, aber auch Reaktionen der „Öffentlichkeit" sind für manche Jäger ein Argument gegen Drückjagden. Unfallstatistik und negative Schlagzeilen in den Medien geben ihnen zwar recht, doch lassen sich diese „Randerscheinungen" bei verbesserter Organisation minimieren, ja sogar ganz ausschließen.

Drückjagden am und im Mais oder in großen Rapsschlägen, Sonnenblumenfeldern oder Chinagrasinseln sind in vielen Revieren notwendig. Sie erfordern von allen Beteiligten ein besonders hohes

Maß an Konzentration und Disziplin. Sofern jedoch um den Maisacker oder Rapsschlag keine Drückjagdsitze aufgestellt wurden und auf ebener Erde gejagt wird, steigt das Unfallrisiko erheblich.

Mit Recht appellierte DUDERSTAEDT (2007) an die Jäger, „in Zukunft alle Möglichkeiten (zuvor) auszuschöpfen, damit diese Jagden überflüssig werden".

Aber wir betonten bereits, dass es gerade während der Milchreife von Mais und Hafer kaum möglich ist, das Schwarzwild im Wald zu halten.

Entscheidend für den Erfolg von Mais- und Raps-Drückjagden sind gut eingespielte Meuten mit erfahrenen und schwarzwildtauglichen Hunden (vgl. u.a. KREWER 2009). Wesentlich dabei sind zuverlässige „Finder", die vor den übrigen Hunden in den Maisschlag vordringen, die Sauen im Kessel aufspüren und verbellen. Erst danach werden die anderen Hunde zum Sprengen der Rotte eingelassen. Dass die den Maisacker umstellenden Jäger ausschließlich nur nach außen schießen sollten, versteht sich von selbst. Sofern man die Hauptfluchtwechsel der Sauen kennt, ist es natürlich sinnvoll, gute Schützen im angrenzenden Wald und auf den Fernwechseln abzustellen.

Auch bei den Drückjagden im Wald entscheidet letztlich die Qualität eingejagter Meuten und Hundeführer sowie die Qualität der Schützen und deren Standorte über den jagdlichen Erfolg. Wichtige Voraussetzung für den Erfolg der Bewegungsjagden ist die genaue Kenntnis der Fluchtwechsel des Schwarzwildes. Bei manchen Bewegungsjagden kann man jedoch den Eindruck gewinnen, dass es weniger um die Sauen als um die Jäger oder um die Meutehunde und deren Führer geht. Solche Drückjagden können nicht nur einen Verstoß gegen Paragraph 19 Nr. 13 Bundesjagdgesetz darstellen, weil das Wild in unzulässiger Weise „gehetzt" wird, sie sind auch bestens dazu geeignet, eine notwendige Jagdart in Misskredit zu bringen.

Ziel einer Drückjagd ist es, Schwarzwild aus den Dickungen zu bringen und starke Rottenverbände zu sprengen, damit möglichst viele Einzelstücke nicht von den Hunden oder Hundführern umgebracht werden, sondern die einzelnen Schützen anlaufen und von ihnen erlegt werden.

Um dieses Ziel zu erreichen, bedarf es wirklich gut eingejagter und aufeinander abgestimmter Hundemeuten. Alles andere läuft entweder auf „Hetzen“ hinaus, oder was genau so katastrophal ist, auf ein „Training“ der Sauen an ungeeigneten Hunden. „Das Sauendressieren durch einige kleine Jagden sollte unterbleiben“, forderte 2008 Hartmut Roth, Zuchtbuchführer des Deutschen Brackenklubs, „da sich hier ein Potenzial an aggressiven Sauen bildet, die lernen, ihre Schwarte durch Dickfelligkeit und kleine Angriffe gegen Führer und Hunde zu retten“. Bereits heute sind viele Drückjagden bekannt, wo die Zahl verletzter Hunde höher ist als die Schwarzwildstrecke. Die alten Bachen haben es gelernt, mit den Fiffis unterschiedlicher Bonität fertig zu werden und verlassen nicht mehr die Dickungen. Überall tauchen „Spezialisten“ auf, mit ihren manchmal bunt zusammengewürfelten Meuten, bieten ihren Einsatz natürlich gegen Bezahlung an, und es geht kein Aufschrei durch die weidgerechte Jägerschaft. Während bei der „Arbeit hinter der lebenden Ente“ unterschiedliche Gerichte durch ganz Deutschland „Recht sprechen“, während fast unisono der Frischlingsfang als nicht weidgerecht verteufelt und damit zwangsläufig auch die Frage gestellt wird, ob die Fangjagd auf Fuchs oder Marder eine andere Qualität besitzt als jene auf Schwarzkittel, drücken wir uns um eine qualitative Durchleuchtung der Bewegungsjagden.

Auch der Einsatz von Hunden bei der Bewegungsjagd darf ohne nachweisbare Qualität in Zukunft nicht erfolgen. Die „Überprüfung der Qualität“ von Hunden mit Satellitensendern, wie er in den letzten Jahren in verschiedenen Revieren erprobt wurde, ist ein wichtiger Ansatz, um auch deren individuelle Tauglichkeit besser beurteilen zu können.

4.4 Bewegungsjagd: Faszination und Notwendigkeit.

Es besteht kein Zweifel, dass die Bewegungsjagd auf viele Jäger auch heute noch eine große Anziehungskraft ausübt. In manchen Ländern ist sie natürlich seit Jahrhunderten ein gesellschaftliches Großereignis, die „chasse traditionelle“ schlechthin, die manchmal auch einen Hauch der Parforcejagd oder einer Monteria ausstrahlt; und gerade deshalb kann sie schnell in die Kritik geraten. Viele deutsche Jäger und Hundeführer fiebern den herbst- und winterlichen Drückjagden entgegen, konzentrieren ihren Jahresurlaub und ihre Urlaubsanträge bei ihren Arbeitgebern auf die lange vorher bereits reservierten Zeitfenster; und viele Grundbesitzer, die meist dank jahrelangen Trainings auch hervorragende Schützen sind, „kämpfen“ sich während dieser Zeit mit wechselseitigen Jagdeinladungen durch unterschiedliche Reviere. Manche von ihnen erlegen in einem Jagdjahr mehr Sauen als in Rheinland-Pfalz in einem Jahr vor dem 1. Weltkrieg geschossen wurden.

Natürlich ist die „Drückjagdzeit“ für viele Waldjäger und natürlich auch für den Staatsforst heute die „hohe Zeit“. Der Abschuss des herbivoren Schalenwildes muss erfüllt werden; natürlich müssen die Förster auch bei den traditionellen „Holzjagden“ an den Verkauf ihrer „nachhaltigen Rohstoffe“ denken und auch den Zuwachs des Schwarzwildes abschöpfen, das ja bekanntlich sein Reproduktionszentrum im Wald hat. Wenn dann noch ein braver Forstmann zwischenzeitlich zum „Wildlife- und Jagd-Manager“ geadelt wurde, weil, als ein Ergebnis qualitativ höchst unterschiedlicher Reformen, der forstliche „Staatsbetrieb“ eine Metamorphose zum „Wirtschaftsunternehmen“ durchlief, dann muss natürlich auch alles, was da kreucht und fleucht, vermarktet werden. Am zeitlich effizientesten gelingt das natürlich mittels Bewegungsjagden mit vielen Schützen, vielen Stand- und Abschussgebühren; und genau da, aber nicht nur da, beginnt meist das Elend, genauer gesagt, das Elend des Schalenwildes.

Dabei ist die Notwendigkeit von großräumigen, revierübergreifenden, perfekt organisierten Bewegungsjagden zur Reduktion des jährlichen Zuwachses unbestritten, und einige, die entweder das gesellschaftliche Beisammensein nach der Jagd lieben oder denen die Ansitzjagd zu zeitaufwendig, die Pirschjagd zu schwierig ist, schwören auf Bewegungsjagden, auf denen sie sich zwar selbst nicht bewegen dürfen, dafür aber umso mehr die Treiber und die Hunde. Aber ebenso unbestritten ist, dass insbesondere bei großen Bewegungsjagden Kollateralschäden nicht immer auszuschließen sind.

Hier setzt deshalb auch häufig die Kritik von jenen modernen Heilsaposteln an, die „angespornt werden von der ethischen Vorstellung, dass allen Tieren ein gleiches Lebensrecht zusteht, wie es bisher nur dem Menschen gewährt wird“ (z.B. „pro iure animalis“). Ihr moralines Geschwafel ist für die Natur genauso eine Pest wie miserable Jäger. Die gibt es natürlich auch, aber bei den Gesellschaftsjagden fallen sie schneller auf und können geächtet werden.

Bewegungsjagden sind zwangsläufig nur allzu oft mit erheblichem organisatorischem Aufwand verbunden, finden exponiert häufig im Blickfeld einer nichtjagenden Öffentlichkeit statt. Jeder Fehler, jedes Fehlverhalten wird kritisch hinterfragt. Deshalb bieten Bewegungsjagden nur allzu oft eine Plattform für militante Jagdgegner, für „Tierbefreier“ und all die anderen, die sich mit meist nur vordergründiger moralischer Entrüstung für Spenden und eine bessere Welt einsetzen. Störungen von „Gesellschaftsjagden“ versprechen zudem auch eine gesicherte Presseresonanz, natürlich auch weil die Berichterstattung über die „Gaudi“ keine intellektuellen Sonderleistungen erfordert. Jagd und Jäger werden zum willkommenen Ansatzpunkt eines allgemein immer vorhandenen „Unwohlseins“ an der Ungerechtigkeit des Lebens und der Welt; und die Presse berichtet darüber, weil Aufmerksamkeit auch gut zu sein scheint für das Geschäft, jedenfalls solange auch die Jägerschaft die Zeitungen liest und sie nicht einfach geschlossen abbestellt.

Natürlich wissen wir, dass nicht jeder, der von der Notwendigkeit von Bewegungsjagden überzeugt ist, auch die Professionalität besitzt, sie weidgerecht durchzuführen oder durchführen zu lassen. Manchmal ist der Zuschnitt des eigenen Reviers völlig ungeeignet, ein anderes Mal lassen die individuellen Schießfertigkeiten zu wünschen übrig, manche sträuben sich auch dagegen, in fremden Revieren blitzschnell sachgerechte, aber häufig auch kritische Entscheidungen zu treffen. Trotz Einweisung gutwilliger „Ansteller“, die alle glückliche Jagderlebnisse von einem bestimmten Drückjagdsitz schildern, sind den „Angestellten“ meist die Hauptfluchtwechsel des Wildes im fremden Revier unbekannt, sie können auch nicht immer ahnen, über welchen Fernwechsel Wild plötzlich noch auftauchen kann, können, wenn die „Bewegungsjagd“ schon geraume Zeit im Gange ist, auch nicht sicher entscheiden, ob das anwechselnde Stück führend oder nicht führend ist. Es ist häufig unsere angewölfte Weidgerechtigkeit, die verhindert, dass wir „Strecke machen“. Andere stehen oder sitzen in einem fremden Wald, überblicken ja meist auch nur einen kleinen Ausschnitt aller Habitate, lauschen auf alle wichtigen und unwichtigen Geräusche, staunen und schauen, halten die Aufmerksamkeit hoch, obwohl vielleicht lange Zeit „nichts passiert“; und dann taucht Wild doch plötzlich auf, von einer Seite, die zuvor nicht im Fokus besonderer Aufmerksamkeit stand. Jagdlich faszinierend ist das alles, Dauerspannung pur. Trotz aller Ermahnungen und Strafandrohungen liegen am Ende des „Treibens“ immer wieder Stücke auf der Strecke, die nach allen guten Grundsätzen der Beteiligten dort eigentlich nicht liegen sollten. Es muss nicht „böser Wille“ gewesen sein, aber es geschah. Zwar gibt es auch bei einigen „Gesellschaftsjagden“ exzellente Schützen, die regelmäßig die „falsche Sau“, das angeblich „nichtführende Alttier“ oder sonst etwas „Unerlaubtes“ sicher erlegen, aber das sind nur jene Ausnahmen, die überall vorkommen, jene Gemütskrüppel, die Lust am Töten oder am Schießen oder feiner ausgedrückt „Lust am Streckemachen“ haben, aber nicht Lust am Jagen. Für sie vorteilhaft wirkt es sich natürlich auch aus, dass man einer Bache postmortal nicht mehr ansieht, ob sie eine „Leitbache“, eine Bache mit noch „abhängigen“ Frischlingen oder eine „Beibache“ war. Da haben es diejenigen schon schwerer, die einen Rehbockabschuss nach dem 15. Oktober vertuschen wollen.

Unabhängig von diesen menschlichen Fehlleistungen werden insbesondere bei Gesellschaftsjagden natürlich auch andere Defizite schnell sichtbar. Da gibt es die ungeübten Schützen, die besonders oft auf „Staats-, Wirtschafts- oder Umweltjagden“ auftreten, und die manchen wackeren Jägersmann davor zurückschrecken lassen, entsprechenden Einladungen überhaupt zu folgen. Da gibt es bei manchen Drückjagden eine Dunkelziffer bei „Fehlschüssen“, es gibt organisatorische Mängel und Schwächen bei den eingesetzten Hunden. Wenn alles stimmt, wenn wir sicher sein können, dass alle Beteiligten neben der Freude an der Jagd insbesondere auch das Wohl des Wildes und seines Lebensraumes im Auge haben, dann können auch allzu menschliche Schwächen und Fehler verziehen, zumindest kompensiert werden. Bei jeder Jagd zählt zum Schluss bekanntlich auch nicht das Erzählte, sondern nur das Erreichte. „Das Jagen legt den Charakter eines jeden von uns frei, im Guten wie im Schlechten ... Und wer sich noch nie wegen eines jägerischen Fehlers geschämt hat, der werfe den ersten Stein. Und wer einmal aus lauter Glück und der Götter Gunst eine große Strecke macht, der soll sich freuen – und alles, was davon an Missgunst gesagt wird, ist böses Geschwätz“ (von EGGELING 2006).

Wir wissen, dass es exzellente Bewegungsjagden gibt, hervorragend organisiert, mit verantwortungsvollen Schützen, die sicher ansprechen, bevor die Kugel den Lauf verlässt. Meist besitzen diese Jagden langjährige Tradition; die beteiligten Jäger kennen ihr Wild und dessen Lebensraum, und die Zahl der im Verlauf der Jagd abgegebenen Schüsse übersteigt nur unwesentlich die Zahl der auf der Strecke liegenden Tiere.

Viele Bewegungsjagden durfte ich in meinem jagdlichen Leben in vielen Ländern der Erde und in deutschen Landschaften miterleben. Natürlich habe ich dabei auch Fehler gemacht, vorbeigeschossen oder das anwechselnde „Beutetier“ schlichtweg verpasst. Aber wir lernen auch und gerade aus den Fehlern, und auch wir Jäger besitzen wie alle Menschen die Fähigkeit, Unangenehmes zu verdrängen und nur über die positiven Erlebnisse gerne zu reden. Aber auch die anderen werden in der Tiefe unseres Gemütes gespeichert. Erfahrung ist nicht nur das, was wir falsch gemacht haben, sondern resultiert aus all dem, was wir im Verlauf unseres Lebens bereit waren zu lernen. Wer davon überzeugt ist, dass er schon alles weiß, sollte nicht mehr jagen.

Ein Jäger muss immer bescheiden sein, darf auch immer sicher sein, dass er trotz aller erworbenen Professionalität noch Fehler machen kann. Aber er darf natürlich darauf hoffen, dass, „wenn er strebend sich bemüht“, Diana oder Hubertus oder einer der anderen großen Geister bei schwierigen Entscheidungen hilfreich zur Seite stehen werden. Zwei „Drückjagderlebnisse“ will ich dennoch hier schildern, weil beide zeigen, dass sich der Jäger nicht nur auf seine „Professionalität“ verlassen darf, sondern auch dem „sors bona, nihil aliud“, dem berühmten Jagdglück, vertrauen kann.

Die „Keiler-Bache“.

Ein gewaltiger Wurf, schaumverschmiert, ließ mein Fernglas zittern. Die rechte Hand tastete zum Karabiner. Ein Riesenschwein trat aus der Dickung, ein „Klavier“. Es „trat“ auf, bewegte das mächtige Haupt mal nach rechts, dann nach links. Ein „Mordskeiler“, durchzuckte es mich. Er zog spitz gemächlich auf meinen Drückjagdsitz zu. Sechs Meter hinter ihm quollen vier Jagdterrier und ein Wachtel aus dem Fichtenverhau, die zuvor bereits mehrfach die anwechselnde Sau vermeldeten, sich aber jetzt auffallend devot verhielten. Der Schaum um den Wurf der Sau gestattete keinen Blick auf ihre Gewehre. Was da mir langsam entgegenzog, wog sicherlich deutlich über zwei Zentner, wirkte vielleicht noch gewaltiger im Vergleich zu den drei Frischlingen, die ich während des laufenden Treibens zuvor von diesem Stand aus erlegt hatte.

Er stand an einem völlig verwachsenen Holzabfuhrweg zwischen zwei lückigen Fichtennaturverjüngungen im Buchenaltholz, was die Frühjahrsorkane noch stehen gelassen hatten, im Hainsimsen-Buchenwald (Luzulo-Fagetum). Die Frischlinge kamen einzeln, nicht hangparallel, sondern stichgerade den steilen Hang hoch, außer Atem, stoppten fast lehrbuchhaft immer wieder im Gewusel der Fichtenverjüngung oder hinter einem der vermoderten Baumstubben. Der Schuss erforderte kein großes Können. Ein starkes Alttier hatte zuvor diesen Wechsel ebenfalls benutzt. Es blieb unbeschossen, nicht weil es nicht „freigegeben“ war, sondern weil ich wusste, wie sehr der Jagdherr seine Hirsche liebte.

Einer der Terrier ließ einen kurzen, fast verlegenen Knurrer ertönen, was die Sau nur durch kurzes Aufrichten der Federn und einem Blick nach hinten quittierte. Mit dem Keiler würde sich mein „professorales Bild“ von einer Bewegungsjagd optimal abrunden lassen, dachte ich. Vanitas, vanitatis.

Der Hang war in den Jahren zuvor Gegenstand mancher Auseinandersetzungen zwischen Grundeigentümer, der sein Wild und seinen Wald liebte, und Naturschutzverwaltung gewesen. Diese wollte, großzügig wie Sankt Bürokratius mit dem Eigentum anderer Leute nun einmal sein kann, das ganze Gebiet in ein FFH-Gebiet, ein Luzulo-Fagetum, umwandeln, natürlich mit erheblichen Nutzungseinschränkungen für den Besitzer, getreu dem Grundsatz „Eigentum verpflichtet“. Dass die Buchen auf dem Rothaarkamm schwächelten und beim besten Willen nur noch entfernt an potentielle Buchenwälder erinnerten, dass möglicherweise der Klimawandel alles dynamisierte, auch die Lagebeziehungen und Grenzen vorhandener oder geplanter Schutzgebiete, das war den immer noch in „Gleichgewichten der Natur“ denkenden Sachwaltern des Naturschutzes in Nordrhein-Westfalen noch nicht aufgefallen. Der Klimawandel verschiebt alles, auch die Lage der Pflanzenassoziationen und die Lage der Schutzgebiete. Die Grenzen bleiben, aber der Inhalt verweht (MÜLLER 2008). Seit 2004 diskutierte der Grundbesitzer mit dem Ministerium für Umwelt und Naturschutz, Landwirtschaft und Verbraucherschutz „mögliche vertragliche Regelungen zur Kompensation von naturschutzbedingten Ertragsausfällen“. Zwei Denksysteme trafen hier aufeinander. Auf der einen Seite standen Wissenschaftler, die wussten, dass der Wandel das Bleibende in der Natur ist, Motor der Evolution aller lebenden Systeme. Auf der anderen Seite agierten Menschen, die schützen wollten, koste es, was es wolle, selbst dann noch, wenn ihre Vorstellungen von den waltenden Kräften der Natur ad absurdum geführt wurden, und die deshalb natürlich gezwungen waren, ständig neue Pflege- und Managementpläne zu entwerfen, Schutzrichtlinien und Gesetze neu anzupassen und das auch noch für Pflanzen und Tiere, wie z.B. den Rauhfußkauz oder den Schwarzstorch, die ihre Existenz in dem Gebiet eindeutig der Hand des Menschen verdankten. Die Orkane der vorangegangenen Jahrzehnte hatten doch eindrücklich demonstriert, wie sich Wälder großflächig wirklich „verjüngen“, auch durch „Kahlschlag“, je nach Stärke der Stürme und Exposition der Standorte, ohne Rücksicht auf kompliziert ausgedachte Habitatmodelle, theoretische Vorstellungen über „Stabilität“ oder „Gleichgewichtszustände“ in der Natur. Die Folgen von Kyrill, der am 18. Januar 2007 mit teilweise über 200 km/h innerhalb weniger Stunden den üblichen Holzeinschlag für Nordrhein-Westfalen von drei Jahren „erledigte“ (ca. 18 Millionen Festmeter), waren auch um meinen Sitz herum deutlich sichtbar. Jedem wurde hier vorgeführt, dass die im Juni 2007 vom Landesbetrieb Wald und Holz herausgegebenen Empfehlungen für die Wiederbewaldung der Orkanflächen nach Förstern rief, die ihre Wälder über Jahrzehnte kannten und die sicherlich keine Ideologen sein durften, die u.a. die zukünftig notwendige Beimischung von Douglasien auf bestimmten Standorten aus „prinzipiellen Gründen oder aus Angst vor Überfremdung“ ausschlossen.

Mein „Keiler“ stand jetzt vielleicht 20 Meter immer noch spitz vor mir, aber irgendetwas hinderte mich am Schuss. War er wirklich „reif“, wie vom Jagdherrn freigegeben, oder nur einer von diesen runden, meist zwei- bis dreijährigen „Speckkeilern“. Die Terrier und der Wachtel hielten weiterhin gebührenden Abstand. Auf den Schädel wollte ich nicht schießen, aber er musste sich doch auch einmal drehen. Der Wurf wandte sich nach oben in Richtung Kammhöhe, dann zog er breit. Das Zielabkommen saugte sich am Blatt fest, der Druck auf den Finger erhöhte sich langsam. Dann fiel mir plötzlich auf, dass der Keiler keinen Pinsel besaß, zwar eine auffallend lange Quaste, aber keinen Pinsel. Es durchlief mich siedendheiß. Vor mir stand eine Riesenbache, zugegeben keilerhaft, aber eben eine Bache. Das wäre ein Spaß für frühere Jagdsünder gewesen, wenn ich sie erlöst hätte von der Vorstellung, dass nicht nur sie, sondern auch Professoren, die „Besserwissis“, sündigten. Den Donner des von mir hochgeschätzten Jagdherren, der weit über Berleburg hinaus bekannt, von manchen gefürchtet, von mir aber wegen seiner deutlichen Aussprache geliebt wurde, hätte ich vielleicht noch als berechtigt auf mich herunterprasselnd, noch ertragen können. Aber das Gespött der Selbstgerechten hätte mich schon gewurmt, obwohl diese Bache „keilerhaft“ aussah.

Ich stellte meine Waffe fest auf den Boden, zog den Hut erleichtert und grüßte mit lautem Weidmannsheil die Bache. Ein Ruck ging durch das gewaltige Tier; keilerhaft rauschte sie den Hang hoch, gefolgt von den jetzt wieder mutigen, laut kläffenden Hunden. Oben über die Hangkante peitschte ein Schuss, gefolgt von deutlichem Kugelschlag. Ich wusste, wer dort stand, und dankte Diana, dass ich es nicht war; denn auch ich hätte die „Keiler-Bache“, wie sie da alleine, keilerhaft von Hunden verfolgt, angerauscht kam, erlegt.

Natürlich gab es beim Streckelegen zum insgesamt gelungenen Jagdtag klare und auch lobende Worte des Jagdherrn, wobei er auch nicht versäumte, eigene Patzer zum Besten zu geben, allerdings sich auch nicht verkneifen konnte, darauf hinzuweisen, dass in diesem Jahr die Weihnachtsgratifikation für einen wichtigen Forstbeamten „wohl ausfallen müsse“. Er war mein Standnachbar.

Weidmannsheil am Frühstücksplatz.

Der Mattheiser Wald liegt oberhalb der Trierer Stadtteile Mariahof und Feyen zwischen 280 bis 320 Meter ü.M., im Naturraum Tarforster Plateau. Als die Preußen 1815 Trier zur Garnisonsstadt erkoren, wurde dieser Wald Truppenübungsplatz. Das war er auch von 1918 bis 1930 und nach dem 2. Weltkrieg, diesmal allerdings unter französischer Herrschaft. Seit 1999 gehört der Wald wieder der Bundesrepublik Deutschland und dem Land Rheinland-Pfalz.

Neben Mischbeständen unterschiedlicher Zusammensetzung, die noch immer die ehemals dominierende Nieder- und Mittelwaldnutzung erkennen lassen, bestimmen 60 bis 80 Jahre alte Stiel- und Traubeneichen das Waldbild. Im Südwesten treten auch ältere Bestände auf (über 150 Jahre). Die Böden neigen zur Vergleyung und Staunässe, und deshalb bilden sich an vielen Stellen kleinere Tümpel und Pfützen, manchmal vertieft und verbreitert durch alte militärische Fahrrinnen. Feuchtwiesen begleiten im Westen den das Plateau entwässernden Aulbach, in dessen Einspeisebereich der Pfahlweiher liegt. Fichten-, Douglasien- und Roteichenhorste treten mosaikartig auf. Auf offenen Flächen und in Hanglagen dominieren Brombeergebüsche, Besenginster und andere Pioniergesellschaften.

Die unterschiedlichen Habitatmosaike, die noch verstärkt werden durch zwischenzeitlich verrottende Militäreinrichtungen, sind ein Eldorado für eine artenreiche Fledermausfauna (u.a. Plecotus austriacus, Plecotus auritus, Myotis mystacinus, Myotis brandti, Myotis bechsteini, Nyctalus noctula, Nyctalus leisleri, Eptesicus serotinus, Pipistrellus pipistellus), für zahlreiche Vogelarten, darunter Schwarz- und Mittelspecht, hochdiverse Insektengesellschaften und eine besonders schützenswerte Amphibienfauna (u.a. Bombina variegata, Triturus cristatus), die den Mattheiserwald auch zu einem Forschungsgebiet unseres Institutes an der Universität Trier machten. Das Hauptlaichgebiet des selten gewordenen großen Kammmolches lag hier in einem zwölf Meter langen und fast zwei Meter breiten alten „Panzergraben" des Truppenübungsplatzes.

Für die Kenner der Lebensraumansprüche der unterschiedlichen Tier- und Pflanzenarten besteht kein Zweifel daran, dass sicherlich auch in Zukunft darauf zu achten ist, dass gegen das Wuchspotential der Standorte offene Flächen und Sukzessionsflächen erhalten werden müssen. Der Strukturreichtum des Gebietes begründet, auch durch die früheren Nutzungen, erst den Artenreichtum (vgl. MÜLLER 2007, 2008). Davon profitieren aber auch die Schalenwildarten, besonders natürlich das Schwarzwild. Fast jährlich seit 2001 masttragende Eichen, sonnenbeschienene Brombeer- und Besenginster-Hänge sowie isolierte Fichten- und Douglasienbestände: was kann es für die Sauen Besseres geben?

Deshalb freute ich mich natürlich, in diesem Gebiet, das ich ja die meiste Zeit „unbewaffnet" vom Institut aus durchstöberte, auch als Gast bei Drückjagden mitwirken zu dürfen. Für den zuständigen Forstamtsleiter Gundolf Bartmann, zugleich auch Vorsitzender der Kreisgruppe Trier-Saarburg des Landesjagdverbandes von Rheinland-Pfalz, ist eine ökosystemgerechte Sicht auf Wald und Wild eine Selbstverständlichkeit; und er weiß auch, dass man die Geschichte eines Waldes sehr genau kennen muss, bevor man ihn wirklich versteht.

Als an einem frühen Dezember-Jagdmorgen eine erwartungsfrohe Jäger-, Treiber- und Hundetruppe vom Jagdherrn an „dem" zentralen Frühstücksplatz begrüßt und eingewiesen wurde, hatte ich das Gefühl, dass unser Treiben bereits aus den umgebenden Brombeer- und Besenginstergebüschen beobachtet wurde. Mehrfach glaubte ich, einen die Frischlinge zur Ordnung mahnenden Grunzer vernommen zu haben, deutlich auch Quietscher von einem oder mehreren Frischlingen. Als das Signal „Aufbruch zur Jagd" durch die Moselhänge erklang, drangen zwei Terrier und ein Drahthaar, offensichtlich in einem Akt von Selbstbefreiung in vorauseilendem Ungehorsam, in den Verhau ein, und die Jagd war plötzlich in vollem Gange. Die Hunde wurden wieder eingefangen, aber die Sauen hatten offensichtlich ihre Dickung am Frühstücksplatz verlassen.

Im ersten Treiben sicherte meine Gruppe eine Verjüngungsfläche ab, perfekt tief gestaffelt in einem Altholzbestand. Kurz nach Beginn des ersten Treibens tauchte ein zweijähriger, dünnstangiger Rehbock vor mir auf und beobachtete lange die Umgebung, sicherte immer wieder in das Treiben, auch in meine Richtung. Als die ersten Hunde bei mir auftauchten, stahl er sich zwischen den Treibern hindurch wieder zurück ins Treiben. Eine Geiß floh in wippenden Sätzen die Schützenlinie ab und entkam unbeschossen. Oberhalb von mir krachte ein Schuss; einer meiner Nachbarn hatte einen jugendlichen Keiler mit sauberem Blattschuss erlegt. Um 12 Uhr war „Hahn in

Ruh", und wir stapften zum Frühstücksplatz zurück. Die umgebende Dickung schien ruhig zu sein; die Sauen waren ja schon am Vormittag ausgezogen.

Beim Nachmittagstreiben wies mir unser Ansteller einen Drückjagdsitz in einem Fichten- und Douglasienbestand vielleicht 300 Meter neben unserem Frühstücksplatz zu. Höflich bedankte ich mich, doch erwartete ich ausgerechnet an dieser „Störstelle" keinen besonderen Anlauf. Ich vereinbarte noch mit meinem Ansteller, dass ich mich nicht auf dem Sitz, sondern unter ihm ansetzen durfte, da die Sicht vom Sitz aus durch tiefhängende Äste erheblich behindert wurde. Auch war er weniger ein Drückjagdsitz, sondern mehr eine geschlossene Kanzel. Dann war ich mit meinen Gedanken im dunklen Tann allein und beobachtete Tannenmeisen und Wintergoldhähnchen bei ihrer Insektensuche. Innerlich war ich auf einen relativ ruhigen Nachmittag eingestellt. Aber ich hatte keine Vorstellung von den Ideen der Sauen, und ich hatte auch mein altes Grundwissen verdrängt, wonach man gerade bei einer „Drückjagd" nie wissen kann, was passiert.

Das Treiben war etwa eine Stunde im Gange, als in der Ferne giftiges Hundegebell erscholl. Die Hunde mussten auf Sauen gestoßen sein. Hin und wieder durchbrach ein Schuss das Geläut der Hunde. Ich dachte gerade daran, wie gut doch meine entfernten Mitjäger positioniert sein mussten, haderte mit meinem „Standschicksal", als ich das charakteristische Laufgeräusch einer Sau vernahm. Von rechts kam ein etwa 30 Kilogramm schweres Schweinchen angeflitzt. Es hatte Richtung auf die Brombeergebüsche am Frühstücksplatz genommen. Das Zielkreuz stand am Wurf des Schweinchens, fuhr mit, und als der Schuss krachte, rollierte der Frischling wie ein Hase. „Nicht zu fassen", dachte ich noch, dann näherten sich aus gleicher Richtung erneut Sauen. Hintereinander zogen zwei Frischlinge im zügigen Troll auf den ersten Frischling zu und verharrten dort; einer „schnupperte" an seinem toten Kameraden. Das war sein Ende; der andere stob davon in Richtung Frühstücksplatz. Durchatmen und nachladen.

Wohlgefällig blickte ich auf die etwa 80 Meter vom Sitz liegenden Frischlinge, da bemerkte ich, wie von links, dem zwischenzeitlich von mir geliebten Frühstücksplatz, wieder eine Sau anrückte. Es war offensichtlich der Frischling, der nicht allein in der Frühstücksdickung bleiben und nachschauen wollte, wo er wieder Anschluss an Familienmitglieder finden konnte. Ich wartete, bis er im Bestand verharrte; dann krachte wieder die 6,5 x 68 und Frischling Nr. 3 war zu meiner Beute geworden. Bis zum Ende des Treibens war es noch eine Stunde.

Ich will es kurz machen. Noch zwei schwere Sauen passierten unbeschossen meinen Stand in Richtung Frühstücksplatz, später folgten noch sehr vorsichtig ziehend zwei weitere Frischlinge, diesmal oberhalb von meinem Sitz zum Holzabfuhrweg hin. Beide konnte ich erlegen.

Meine fünf Frischlinge zog ich zum Holzabfuhrweg und wartete, um meinem Ansteller und dem Jagdherrn Bericht zu erstatten. Als beide kamen und nachfragten, wie es mir ergangen sei, berichtete ich leise, natürlich mit nur schwer zu unterdrückendem Stolz in der Stimme, dass ich fünfmal geschossen habe und fünf Frischlinge zum Abholen bereit wären, was beide natürlich mit einem milden, aber nachsichtigen Lächeln quittierten. Erst als ein Treiber vom ebenfalls vorbeifahrenden Traktoranhänger sprang und den ersten Frischling auflud, verließen auch Jagdherr und Ansteller ihr Fahrzeug. Natürlich war das „Hallo“ und „Weidmannsheil“ groß, obwohl es absolut nichts mit Können ,sondern nur mit der Konfiguration von Standort, Situation, jagdlichem Verhalten und in diesem Falle auch „dummen“ Sauen zu tun hatte.

4.5 Fangjagd nicht verteufeln

Mit Recht wehrten sich Jäger, zunehmend auch im Schulterschluss mit dem Vogelschutz, gegen die „Erosion der Fangjagd“ (MÜLLER 2009). Erhebliche Anstrengungen wurden unternommen, die Fangjagd tier- und naturschutzgerecht durchzuführen. Aber es ist nicht jedermanns Sache, Fuchswelpen zu fangen und in der Falle zu töten. Viele „weidgerechte Jäger“ lehnen das „grundsätzlich“ ab. Dennoch wissen wir, dass wir nur durch eine effiziente Fangjagd die letzten Trappen-, Birkwild- oder Bodenbrütervorkommen vor dem Fuchs oder anderem Haarraubwild bewahren können.

Die „Fangjagd“ auf das Schwarzwild, insbesondere der Einsatz von Frischlingsfängen, aber auch von selektiv fangenden „Kastenfallen für Überläufer und Frischlinge“, wird zumindest von der Mehrzahl aller Waldjäger abgelehnt. Wie auch ich empfinden sie den Einsatz von „Frischlingsfängen“ als Kapitulation herkömmlicher Jagd (PÖSL 2009). Aber haben sie wirklich recht? Gibt es einen Grund gegen die Fangjagd beim Schwarzwild, wenn wir sie auf intelligente Beutegreifer wie den Fuchs oder den Steinmarder selbstverständlich fordern? Was soll geschehen, wenn wir die Wildschweinpopulationen nicht in den Griff bekommen, wenn wir auch nicht bereit sind, gestreifte Frischlinge zu erlegen? Ich glaube, wir geben uns einer Selbsttäuschung hin.

Mir erscheint es wesentlich darauf hinzuweisen, dass es natürlich möglich ist, tierschutzgerecht Schwarzwild zu fangen. Das wurde in zahlreichen Forschungsprojekten rund um die Welt bewiesen (vgl. u.a. BOULDOARE und VASSANT 1990, KALBHENN, MÜLLER und CARIUS 1985, MATSCHKE 1962, MENZEL 2003, MÜLLER 1986, 1998, MÜLLER und CARIUS 1998, POHLMEYER und ODEIKAT 2004, SODEIKAT und POHLMEYER 2002, STUBBE 1994, STUBBE et al. 1984, VASSANT, JULIEN und BRANDT 1990). Es geht dabei keineswegs um eine „Regulation“ der Populationen; es geht primär um den Fang von Sauen an Standorten, die vor ihnen geschützt werden müssen, und an denen sich, aus sehr unterschiedlichen Gründen, andere Bejagungsmethoden verbieten. Hier kann es auch notwendig sein, nicht nur die Frischlinge, sondern auch die Bache zu fangen und zu töten. Spätestens jetzt werden die meisten Jäger ihre Büchse an den Nagel hängen. Aber wir wissen, dass „größeres Unheil durch Mitleid angerichtet wurde“

(NIETSCHE), und deshalb sollten wir auch „Wildlife-Management-Methoden“ nicht ausschließen, auch wenn wir sie nicht lieben.

Weltweit wurden unterschiedliche Saufänge entwickelt (oben: Im ehemaligen Wildschutzgebiet Warndt/Saarland von uns eingesetzter Saufang; unten: Saufang aus einem Wildforschungsgebiet in den Niederlanden).
Wesentlich ist, dass die Tiere sich in den Fallen nicht verletzen, und dass Einzeltiere von anderen Rottenmitgliedern getrennt werden können.

Es ist auch möglich, durch spezielle Einrichtungen Bachen von Frischlingen zu separieren. „Aber wozu brauchen wir das?“, höre ich den Waldjäger fragen. Die Antwort hängt ab von der jeweiligen örtlichen Situation, insbesondere von der Flächennutzung und der Nähe zu Verdichtungsräumen, die den Gebrauch von Waffen erschweren oder unmöglich machen. Auch, wenn der Einsatz von Frischlingsfängen nur mit Genehmigung der Obersten Jagdbehörden erlaubt werden kann, sollten wir uns wenigstens mit den Methoden und ihrem tierschutzgerechten Einsatz, mit dem selektiven Abfangen von Einzeltieren und auch mit ihrer Tötung, vertraut machen (vgl. „12-Punkte-Programm zur Bekämpfung der klassischen Schweinepest und zur Reduzierung überhöhter Schwarzwildbestände“ in Rheinland-Pfalz; Jagd + Jäger in Rheinland-Pfalz 45 (2): 1 – 2).

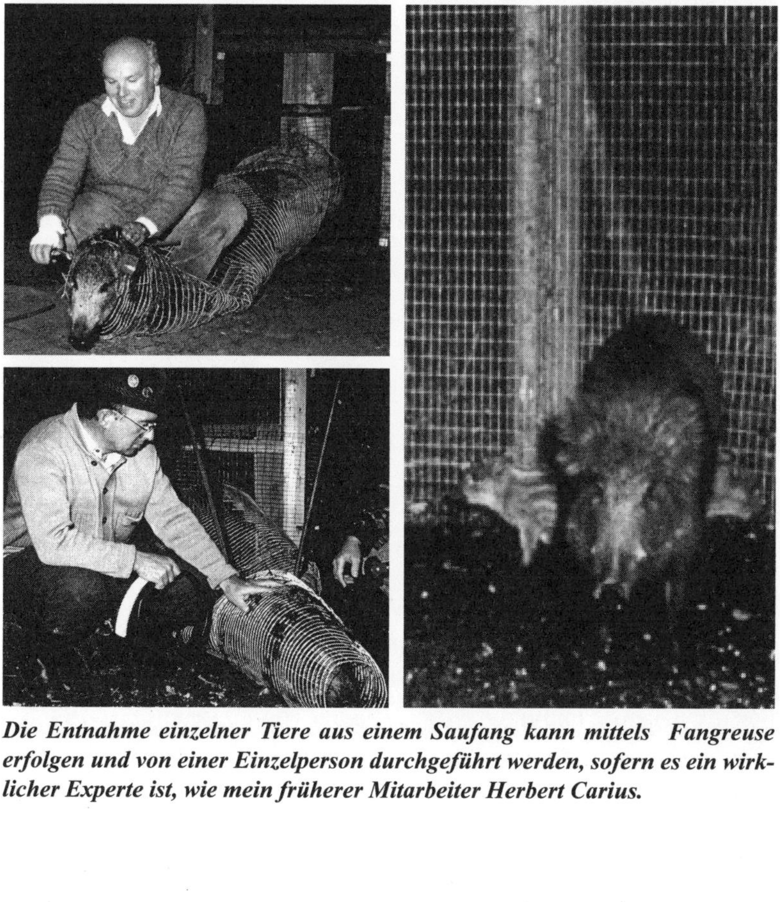

Die Entnahme einzelner Tiere aus einem Saufang kann mittels Fangreuse erfolgen und von einer Einzelperson durchgeführt werden, sofern es ein wirklicher Experte ist, wie mein früherer Mitarbeiter Herbert Carius.

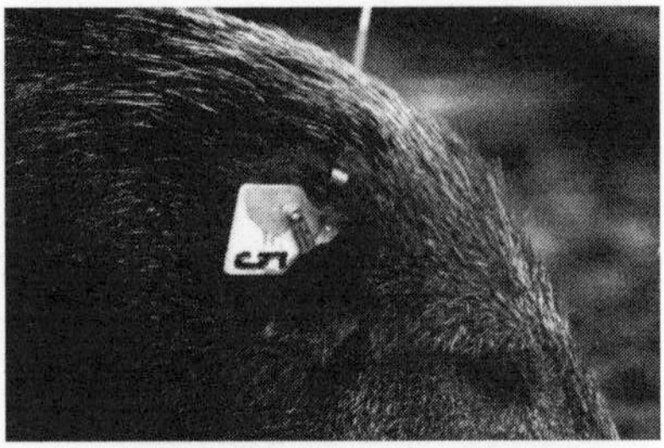

Schweine bis zu 40 Kilogramm Gewicht können meist problemlos im Fang mit einem Ohrsender, einer Erkennungsmarke oder einem Chip versehen werden. Der Schreck ist schnell vergessen, und insbesondere Jungtiere und Überläuferkeiler nehmen bereits kurz nach der „Manipulation“ sogar Nahrung im Fanggehege wieder auf.

Der immer wieder gehörte Hinweis, dass Frischlingsfänge nicht tierschutzgerecht seien, kann so nicht stehen bleiben; er trifft nicht nur die gesamte Fangjagd, er zeugt auch von Unkenntnis.

Für das selektive Abfangen von Einzeltieren wurden unterschiedliche Methoden entwickelt, die leider bei vielen (die über Sau- oder Frischlingsfänge sprechen) meist unbekannt sind.

4.6 Pirschjagd intensivieren.

Die Pirschjagd kann in bestimmten Revieren die ganzjährig effizienteste Methode der Schwarzwildbejagung und -kontrolle sein (MÜLLER 2009). Voraussetzung sind ausgezeichnete Revierkenntnisse, die auch in lichtschwachen Nächten ein Aufsuchen der Sauen ermöglichen. „Die Pirsch nimmt alle Eigenschaften des Jägers in Anspruch, Klugheit, Aufmerksamkeit, List und scharfe äußere Sinne, vor allem aber Ruhe und Geduld“ (DIEZEL 1922). Jede Bodenwelle und kleine Vegetationsverdichtung, jede Geländestruktur, die den Wind beeinflusst, jede anthropogene Lichtquelle muss bekannt sein, die vielleicht beim Anpirschen das notwendige Restlicht für einen sicheren Schuss bietet. Und natürlich müssen wir unser Schwarzwild kennen, die hangparallelen Wechsel, den Reifezustand wichtiger Feldfrüchte, die Standorte beliebter früchte- oder masttragender Bäume. Natürlich müssen wir auch wissen, dass sich das Raum-Zeit-Verhalten der einzelnen Rotten oder Keiler fast jeden Monat ändern kann. Landschaftsangepasste Pirsch auf das Schwarzwild, bei uns vornehmlich in der Nacht, erfordert umfassendes Wissen über Wild und Landschaft. Für mich ist sie eine bei jedem zunehmenden Mond begeisternde, aber auch zur Vermeidung von Schwarzwildschäden zwingend notwendige Jagdmethode. Dass man damit effizient und korrekt Schwarzwild bejagen kann, belegen unsere Streckenergebnisse. Aber auch bei dieser Jagdart verhehle ich nicht, dass wir sie insbesondere bezogen auf die Frischlinge effizienter in der Feldflur und anderen „Problemgebieten“ ausüben könnten, wenn wir Nachtsichtzielgeräte benutzen dürften; aber die sind bekanntlich bei uns sowohl durch das Jagd- als auch das Waffengesetz „grundsätzlich verboten“.

Wie oft beobachtete ich Rotten durch ein Nachtsichtgerät, studierte die von anderen Bachen akzeptierten „Anweisungen“ der Leitbache und das muntere Treiben der Frischlinge. Bei gutem Wind konnte ich mich häufig bis auf unter 50 Meter an die im Gebräch stehenden Schweine heranschleichen. Das Okular des Nachtsichtgerätes entschleierte mir so manches Rottenverhalten. Nur wenn ich den Versuch unternahm, einen der braunen Frischlinge in das 56er Zielfernrohr zu bekommen, fluchte ich allzu oft über die ungerechte Chancenverteilung zwischen Jung und Alt. Fast immer hätte ich eine der „dicken Bachen“ schießen können, ohne mir sicher zu sein, ob es die „Leitbache“ oder eine „Beibache“ war. Dieses technische Dilemma rettete in vielen lichtschwachen Nächten so manchen Frischling. Natürlich war diese Jagd immer aufregend; sie hätte aber noch effektiver sein können, wenn …

4.7 Nachtpirsch in Problemgebieten.

Vor über einem Jahrzehnt hatte ich gefordert, dass wir die Frischlingsbejagung erheblich intensivieren müssten, wenn wir „weidgerechte Jäger bleiben wollen“. „Wer im Sommer keine Frischlinge schießt, muss im Winter Bachen schießen.“

Es gab naturgemäß einen Aufschrei unter den „Weidgerechten“. Natürlich war und ist unser „Mitgefühl“ mit den quicklebendigen „Streifenhörnchen“ den meisten Jägern bei einer rationalen Bewertung der Schwarzwild-Populationsdynamik häufig „im Wege“, natürlich wollten oder konnten manche von uns nicht mit einem „schwarzwildtauglichen“ Kaliber auf hasengroße Frischlinge schießen, natürlich wehrten sich viele – auch wegen mangelnder Erfahrung – gegen den Einsatz von Frischlingsfängen, ohne zu begreifen, dass sie damit auch die gesamte Fangjagd infrage stellten; viele, insbesondere Waldjäger, lehnten auch Nachtsichtzielgeräte kategorisch ab, und andere schoben Vermarktungsgründe vor, um ihre „Enthaltsamkeit“ zu begründen. Spätestens die Ergebnisse der Matrizen-Populations-Modelle, Fertilitätsuntersuchungen an geschossenen Frischlingsbachen, steigende Abschusszahlen, zunehmende Verkehrsunfälle mit Schwarzwildbeteiligung, galoppierende Schwarzwildschäden, auffallende Schwarzwild-Verstädterungstendenzen insbesondere in „Jagdruhe-Zonen“ und die Erkenntnis, dass bei Ausbreitungsvorgängen der Schweinepestvirusstämme die Frischlinge die Hauptausscheider sind, haben viele alarmiert. Aber auch ohne diese Erkenntnisse hätten die Jäger wissen müssen, dass jeder nicht erlegte weibliche Frischling wenige Monate später bereits eine „führende Bache“ sein konnte, und damit erst recht tabu für uns in der Zeit des „Mutterglücks“ (MÜLLER 2007).

Zudem zeigten Streckenanalysen in ausgewählten Gebieten, dass der Jagderfolg auffallende Korrelationen zu Mastjahren der Buchen und Eichen sowie winterlichen Schneedecken und Mondscheinnächten mit günstigen Lichtwerten (Tischoffscher Mondhelligkeitskalender) aufwies. Deutlich wurde auch, dass es falsch war, Streckenergebnisse mit Populationsdichten gleichzusetzen. In jedem Mastjahr „bricht“ die Strecke ein, um im darauffolgenden Jagdjahr erneut die Ergebnisse der Vorvorjahre zu übertreffen. Fehlende „Mast-Pulse“ führen beim Schwarzwild fast immer zu verstärkten Abwanderungsvorgängen vom Wald in Richtung Verdichtungsräume, mit zwangsläufiger Erhöhung der Konflikte zwischen Menschen und Wildschweinen. Nur durch strenge, schneereiche Winter (z.B. 2005/2006) konnten bisher die Populationsanstiege etwas gedämpft werden, einerseits durch Erhöhung der Frischlingsmortalität, andererseits durch erfolgreichere Ansitzjagden an der Kirrung.

Im Jagdjahr 1937/38 wurden im gesamten Deutschen Reich nur 36448 Sauen erlegt (Jahrbuch der Deutschen Jägerschaft), das erreicht Rheinland-Pfalz heute allein. In der deutlich kleineren Bundesrepublik Deutschland werden jährlich über 500000 Sauen (2001/02; 2002/03) geschossen.

Wie wir zuvor ausführten, ist die öffentliche Diskussion angeheizt. Sie wird von Horrorszenarien-Erfindern und Antijagd-Gruppen weiter geschürt. Wir Jäger sollten uns davon nicht schrecken lassen, aber wir sollten endlich die seit Jahren von der wildbiologischen Wissenschaft geforderten Maßnahmen für eine effizientere Zuwachskontrolle der Schwarzwildbestände im Sinne einer zukunftsfähigen Jagd umsetzen (MÜLLER 2009). „Effective population control of wild boar should target a high harvest rate of piglets and reproductive females" (TOIGO et al. 2008). Dazu gehört auch, dass wir akzeptieren, dass der Anpassungskünstler „Schwarzwild" differenzierte Jagdstrategien in den unterschiedlichen Landschaften Deutschlands erfordert und erfolgreiche, der Intelligenz des Schwarzwildes angepasste, Jagdmethoden.

Wer immer nur revierübergreifende Drückjagden fordert, sollte endlich erkennen, dass diese ihre Grenzen in Ballungsräumen besitzen. Wer die Fangjagd für das Schwarzwild selbst in Problemgebieten mit dem Argument ablehnt, dass diese nicht „tierschutzgerecht sei", sollte sich zunächst einmal ansehen, wie tierschutzgerecht auch diese Jagd in der Verantwortung von Profis durchgeführt werden kann; er sollte sich auch überlegen, ob seine „Ablehnungs-Argumente" nicht zu einem generellen Verbot jeder Fangjagd führen dürften.

Kommen wir deshalb zurück zu den „Pillen" im schwarzwildtauglichen Kaliber, deren richtige Applikation die Jäger in den Händen halten, und erinnern wir uns daran, dass wir in der jetzigen Situation in den meisten Revieren mehr Schwarzwild erlegen müssen als der jährliche Zuwachs beträgt bei Einhaltung tierschutzgerechter Standards. Dabei können die Verhältnisse in einzelnen Revieren sehr unterschiedlich sein, ebenso die Betroffenheitslage einzelner

Revierpächter (vgl. A- und B-Reviere bei SCHLENCHER 2002). Alle effizienten Jagdmethoden, die zielführend und der Reviersituation angepasst sind (Ansitzjagd, Kirrjagd, Pirsch, Drückjagd u.a.), müssen standortdifferenziert eingesetzt werden; dann erübrigt sich die Diskussion um „Frischlingsfänge" oder „Anti-Baby-Pillen" beim Schwarzwild von selbst. Die Drückjagd-Befürworter (fast überwiegend Waldjäger) sollten sich dabei auch daran erinnern, dass Wiesen-, Mais- oder Getreideschäden bevorzugt in der Vegetationsperiode auftreten, dass Schwarzwild auf Jagddruck sensibel reagiert und zum Nachtwild wird, und Wildschäden besonders in lichtschwachen Nächten, meist auch noch bei kräftigen Regenschauern, entstehen. Korrekte Frischlings- und Bachenabschüsse sind aber in wildschadensanfälligen Nächten mit normalen optischen Zielhilfen nur selten korrekt durchzuführen. In dieser Situation, und da bin ich im Gegensatz zu der herrschenden Gesetzeslage mit den Schweinezüchtern einer Meinung, ist der Einsatz von Nachtsichtzielgeräten zwingend erforderlich.

Durch ein Tief über England wurde Deutschland am Nikolaustag 2008 von Regen- und Schneeschauern durchgeschüttelt. Ein „grauenhaftes" Wetter, so wie es Tacitus 98 n. Chr. in seiner Germania als typisch für Deutschland beschrieb. Die Sauen störte das nicht, vor allem weil leichtes Tauwetter einsetzte und eiweißreiche Zusatzkost in den Wiesen leichter erreichbar wurde. Gemischte Rotten hatten zwei Wiesen in einer Regen-Schnee-Nacht in Sturzäcker verwandelt. Eine dieser vom Wald eingeschlossenen Grünlandflächen in 400 m Höhe zog dank seiner Regenwürmer und Tipuliden-Larven das Schwarzwild offensichtlich besonders magisch an, allerdings wegen der vom Schwarzwild als zwingend notwendig erkannten „Feindvermeidung" immer nur nachts, natürlich nur bei miserablen Sichtverhältnissen. Der angrenzende Staatswald hatte naturgemäß „keine Probleme" damit. In seinen Dickungen konnten die intelligenten Schweine ihr Leben genießen und vor allem nach Herzenslust rauschen und reproduzieren. Weitere Wiesen und Weiden lagen in Taleinschnitten, die ebenfalls von Waldkuppen, Schwarzdorngebüschen und isolierten Fichteninseln begrenzt wurden, ideale „Einwechselschneisen mit optimalem Sichtschutz". Engerlinge und Tipuliden-Larven boten auch hier attraktive Eiweiß-Magnete für das Schwarzwild, insbesondere nachdem sie sich zuvor mit stärkereicher Eichelmast in den nahe gelegenen Wäldern vollgeschlagen hatten. Die vielgelobten „revierübergreifenden Drückjagden“ hatten die schadensverursachenden Rotten offensichtlich nicht erreicht. Eingekauert unter meiner ramponierten Lodenjacke, den Schlapphut tief in der Stirn, trotzte ich Windböen und Schnürregen, suchte die letzten Schneeflecken ab, spähte nach Veränderungen in dem Mosaik aus verschlammter, aufgewühlter Wiese mit hellen noch vom abtauenden Schnee schwach bedeckten Graspartien. Im Zielfernrohr konnte ich bei kleinster Vergrößerung die Szenerie verantwortbar für einen Schuss auf 50 bis 60 Metern noch überblicken. Zwei Stunden tat sich nichts. Dann drangen plötzlich bekannte soziale Stimmfühlungsgrunzer an mein Ohr. Die Sauen, zwei stärkere, vier etwa 40-50 Kilogramm schwere, und fünf Frischlinge zockelten in 150 Metern vor mir frei über die Fläche. Ich versuchte einen der Frischlinge ins Zielfernrohr zu bekommen; vergebens; ich zielte auf eine der mittelgroßen; vergebens. Das 56er Glas erfasste auf etwa 100 Meter eine der dicken Bachen. Sie machen schon extremen Schaden, dachte ich; dann war die Rotte verschwunden und erlöste mich aus meinem jagdethischen Dilemma. Vielleicht kommen sie ja wieder. Etwa eine Stunde saß ich unter einer Randbuche, dann fragte ich mich, was ich eigentlich hier tue, ob es nicht besser wäre, mit meiner Frau im Jagdhaus bei einem guten Glas Wein Nikolaus oder den heiligen Hubertus hochleben zu lassen. Aber, statt um 23.20 Uhr den Weg zur Jagdhütte einzuschlagen, wollte ich wenigsten zuvor noch die anderen Talwiesen kontrollieren. Die Rotte könnte ja auch dorthin gezogen sein.

Aber auch hier rührte sich nichts. Wegen des Nieselregens blieb ich im vom Gelände „gezeichneten“ Auto sitzen mit optimaler Sicht auf die vom Schwarzwild malträtierten Flächen und auf einen Eichen- und Buchenbestand, der von einer Blautannen-Weihnachtsbaum-Kultur und einem etwa 60-jährigen Fichtenbestand zur Wiese hin abgegrenzt wurde. Es blieb ruhig. Dann, kurz vor Mitternacht, schreckte mich durchdringendes Sauengequietsche und -gegrunze auf. Es kam von den Eichen; ein aufdringlicher Keiler musste Bachen Avancen machen; immer wieder ärgerliche Klagen einzelner Stücke. Schon längst hatte ich das Auto verlassen. Aber der Wind stand nicht auf meiner Seite. Zurück, und ohne Licht versuchte ich im weiten Bogen über eine Landstraße auf die andere Seite der Altholzinsel zu kommen. Es gelang. Fast lautlos pirschte ich nun gegen den Wind in das vermutete Zentrum des Treibens. Etwa 100 Meter vor mir ein furioses Getöse, immer wieder unterbrochen von längeren Ruhephasen; Zweifel, ob die Rotte noch in der Nähe war. Dann wieder gewaltiges Rumoren in der Weißtannenschonung; kräftige, fast vorwurfsvolle Quieker gemischt mit dem Schnauben des Keilers. Sehen konnte ich nur huschende Schatten im Altholz; keine Sau trat auf die Wiese. Drei Rehe, die offensichtlich die Eiche, hinter der ich Deckung gesucht hatte, ebenfalls ansteuerten, standen mit langen Hälsen vor mir, zogen dann ohne zu schrecken ab. Es war 1.30 Uhr, als ich den Standort wechselte. Offensichtlich verlagerte die Gruppe doch ihre Aktivitäten in Richtung Wiesental. Aber es konnten noch einzelne Rottenmitglieder in den Randfichten stecken. Deshalb arbeitete ich mich hangparallel im Abstand von etwa 60 Metern zum Fichtenbestand in Richtung Wiese durch. Wieder kräftiges Gequieke; es war eine verrückte Situation, die Nichtjäger nicht nachvollziehen können. Mit dem lichtstarken Glas suchte ich die Wiese vor mir ab; ein gewaltiger, schwarzer Brocken schob sich ins Glas, drehte sich um und jagte dann hinter einem deutlich kleineren Schwarzkittel her. Die Schweine waren mit sich beschäftigt; ich schob mich langsam zur Randecke des Fichtenwaldes, erreichte einen Weidepfosten, kontrollierte durch das Nachtglas weiter das Geschehen. Den Regen spürte ich schon lange nicht mehr. Vor mir wuselten Frischlinge. Es war offensichtlich meine zuvor auf der Bergwiese bereits beobachtete Rotte; die zwei dicken Bachen standen vielleicht 30 Meter am Rand zwischen Fichten und Buchen im Gebrech; schmatzend drehten sie den Oberboden um; der vorne deutlich überhöhte Keiler schnaufte hinter den kleineren Bachen her, die offensichtlich seine Hormone zum Kochen brachten. 14 Tage zuvor hatte ich auf einer fürstlichen Drückjagd mithelfen dürfen, nur freigegebene Frischlinge zu erlegen und sofern vorhanden, auch einen reifen Keiler. Was sagte noch das Lüneburger Modell? Mir war es jetzt gleichgültig; ich bekam keinen der eigentlichen Zuwachsträger ins Glas; nur den Keiler. Als der Schuss auf vielleicht 50 Meter mit sattem Kugelschlag das Treiben des Keilers jäh stoppte, an mir vorbei eine sich fast überschlagende Rotte in den Wald hineindonnerte, läutete die Kirchturmuhr 2.30 Uhr. Die Bühne war leer. Langsam wanderte ich zum Auto zurück, wo mich ein aufgeregt jubelnder Drahthaar begrüßte; natürlich hatte er den Schuss vernommen. Eine halbe Stunde wartete ich noch, dann ging es mit Odin und einer guten Taschenlampe zum Anschuss. „Keinen Schweiß“ konnte ich entdecken, aber das harte, bleifreie Geschoss aus der 6,5 x 68 hatte sicherlich den Wildkörper durchschlagen. Ich war gut abgekommen. Dennoch nagten wie immer in solchen Situationen kleine Zweifel. Der Rüde zog zu meiner Überraschung nicht in die Fluchtrichtung der Rotte, nicht in den angrenzenden Fichtenbestand, lag aber fest im Riemen, strahlte Sicherheit aus und drängte nach etwa 80 Metern in eine borstendichte Schwarzdorndickung. Bevor ich noch fluchen konnte, stürzte sich der Hund auf den bereits verendeten Keiler, der sich im Todeskampf, als letzte Rache, wie ich beim mühevollen Bergen nachvollziehen konnte, hier eingeschoben hatte. Vier Jahre hatte der zwei Zentner „Liebesritter“ auf seinem Rücken, keineswegs mehr, ein jugendlicher Keiler, den ich von früherem nächtlichem Pirschen bereits kannte, den ich oftmals gespürt hatte und den ich unter anderen Lichtverhältnissen vielleicht zugunsten einer kleineren Bache geschont hätte. Aber eine letale Vergrämung zur Verhinderung weiterer Wiesenschäden war bei rationaler Analyse des Vergangenen zwingend gerechtfertigt. Nur die Entnahme des Keilers aus der Wildbahn hat der weiteren Populationsentwicklung natürlich keinen Abbruch getan. Deutlich wurde mir, wie schon viele Male zuvor, dass wir effizientere Sichtverhältnisse in lichtschwachen Nächten benötigen, um die Frischlinge und die wichtigen Zuwachsträger zu erlegen. Natürlich war die Jagd auf den Keiler in dieser Nikolausnacht Passion pur, hat unbändige Freude bereitet, war richtige Jagd aber kein Wildlife-Management. Die Rotte wird die nächsten Tage diese Wiese meiden, aber ich ahne schon, in welcher Wiese ich ihr demnächst wieder begegnen werde.

Die Jagd in Problemgebieten stellt an uns Jäger andere Herausforderungen als die Waldjagd. Dabei sind keineswegs nur Jagden in Wald-Feld-Gemengelagen angesprochen, sondern auch solche um und in Verdichtungsräumen. Hier kann jede Jagd nicht nur zu einem Verkehrsrisiko werden, ein angeschossener Keiler zur Verwüstung von Wohnstuben, Geschäften oder gar Kneipen führen, in die er sich auf der kopflosen Flucht vielleicht hineinstürzt. Was Joseph von Lauff als „Mosel-Märchen“ verarbeitete in seiner „Sauhatz“, spielt sich heute in der Realität, meist medienwirksam dargestellt, als fast regelmäßig wiederkehrendes Ereignis während der Drückjagdzeit in vielen deutschen Landschaften ab:

„Da stand der Keiler in der Tür.
Den Wurf verschweißt und Schweiß im Barte,
Die Lichter groß und liebeleer –
Er rüttelte die Panzerschwarte
Und wies das drohende Gewehr.
Hu Sau! Hetz, hetz! – Die Weiber irrten
Verstört umher, ihr Busen flog.
Sie kreischten, dass die Flaschen klirrten,
Und hoben ihre Röcke hoch…
Der aber … schnaufend vor Entsetzen,
Vergrämt im Licht des weiten Raums,
Warf schleudernd Flocken auf und Fetzen
Und dicke Spritzer roten Schaums."

Wir Jäger sind gefordert und können uns nicht auf die rechtlich doch korrekte Ausrede zurückziehen, dass im befriedeten Bezirk die Jagd ruhe.

Nachtjagd in Problemgebieten.

Die Geschichte der Schwarzwildbejagung ist die Geschichte wechselnder Einstellungen des Menschen zu einer Wildart, die Faszination und Bewunderung erzeugte, die den Keiler zum „ritterlichen Wild“ machte und seinen Erleger zum Helden vieler Jagdgeschichten. Aber wer eine Katastrophe überlebte, muss nicht deren Held gewesen sein. Andererseits war in vielen Kulturen und Religionen Schwarzwild Indikator „niederer Mächte“, ja des „Leibhaftigen“ persönlich, und wurde rücksichtslos verfolgt. Im Walde meist erwünscht, in der Feldflur oftmals und zunehmend Gegenstand heftiger Auseinandersetzungen zwischen Jägern und Bauern, befinden sich die Schwarzwildpopulationen in vielen Regionen weiter im Steigflug. Die Gründe dafür sind hinlänglich bekannt und liegen auch in jagdlichem Fehlverhalten und die jagdliche Effizienz einschränkenden gesetzlichen Regelungen (u.a. Waffengesetz, Kirrverordnungen). Bei den immer wiederkehrenden Beschreibungen wird jedoch oftmals verschwiegen, dass, soweit es um die Analyse jagdlicher Einflussfaktoren auf die Populationsentwicklung geht, die „Verantwortung“ und „Betroffenheit“ unterschiedlicher Reviertypen meist vernachlässigt oder nicht deutlich genug herausgearbeitet wird. Natürlich gibt es im Sinne von SCHLENCHER (2002) die sog. A- und B-Reviere, die sowohl am Reproduktionsgeschehen des Schwarzwildes als auch an den von ihm verursachten Wildschäden höchst unterschiedlich beteiligt sind. Ein ideales A-Revier ist ein Eigenjagdrevier oder ein Staatsforstgebiet mit einer vom Wald dominierten Bejagungsfläche von 1000 bis 10000 Hektar. Schwarzwildschäden schlagen hier finanziell nicht zu Buche, und die Verantwortlichen sind meist Anhänger herbstlicher Drückjagden, die oft auch kein Verständnis dafür aufbringen, dass in der Vegetationsperiode das Schwarzwild überhaupt bejagt wird. „Während der Vegetationszeit müssen die Sauen Ruhe im Walde haben, damit sie in der Feldflur nicht zu Schaden gehen“, ist ihr durchaus nachvollziehbarer, aber nicht ganz uneigennütziger Ratschlag. Die B-Reviere sind die überwiegend von Feldern dominierten kleineren „Karnickel-Reviere“, die meist an die A-Reviere grenzen, bei denen alte Bassen Zufallsprodukte sind, die Schäden in Grünland, Mais- und Getreideschlägen ihnen aber während der Vegetationsperiode keine ruhige Nacht bescheren. Hege- und Bejagungsrichtlinien spiegeln diese Unterschiede nur selten wider, und Hegegemeinschaften, die sie als Problem erkannt haben, versuchen wenigstens durch Interessensausgleiche („Im Idealfall jagen alle A- und B-Revierinhaber im Sommer gemeinsam in der Feldflur, im Herbst und Winter im Wald.“) zu vermitteln. Aber wo existiert wirklich dieses Idealbild? Die Realität sieht anders aus und lässt sich durch revierbezogene Streckenstatistiken und Erfahrungen aus Hegeringen (vgl. u.a. HOPP 1984, KLOTZ 1988, STAHL 1980, TEUWSEN 1980) auch belegen. In den B-Revieren muss in jedem Monat „Dampf gemacht werden“, damit die Wildschadenskosten nicht die Revierpachtbeträge übersteigen, die A-Reviere können geduldig den Herbst und Winter abwarten, ebenso das Heranreifen starker Keiler. Es ist die Wildschadensverpflichtung, die von den Jagdgenossenschaften auf die Revierpächter überall dort abgewälzt wurde, wo keine Wildschadensausgleichskasse existiert, die eine Bejagung des Schwarzwildes gerade in der Vegetationszeit im Feld zwingend erfordert. Nur beim Aufflammen von Seuchenzügen, etwa der Klassischen Schweinepest, sitzen wieder alle, zumindest für kurze Zeit, im selben Boot (DEPNER et al. 1998).

Jedem Feldjäger ist auch bekannt, dass er in der Feldflur die Schwarzkittel, von wenigen Ausnahmen abgesehen, nur auf der Ansitzjagd oder bei exzellenten Revier- und Wildkenntnissen auch auf der Pirsch bejagen kann. Da nach unseren telemetrischen Analysen

In A-Revieren werden solche zweijährigen Keiler mit Recht geschont, in B-Revieren werden sie als „Lebenskeiler“ geschossen.

die Aktionsräume von Bachen (n = 27) im Saarland (u.a. Warndt, Hunsrück-Vorland), insbesondere in Nahrung und Deckung ausreichend bietenden Revieren, keineswegs so groß sind, wie oft publiziert (in unseren Mittelgebirgs-Revieren häufig zwischen 500 bis 1 800 Hektar; vgl. MÜLLER 2000), lohnt sich diese Jagdart bei zunehmendem Mond fast immer. Das gilt insbesondere in den Revieren, die bestimmte „Rückzugsräume“ dem Schwarzwild belassen.

Diese müssen zwar sorgfältig beobachtet und auf die Präsenz von Sauen kontrolliert, ansonsten aber von jagdlichen Aktivitäten verschont werden. Selbst nach Bejagung verlagern die erfahrenen Bachen dann ihren Aktionsbereich meist nur in Richtung zur nächstgelegenen Dickung, umgehen in der nächsten Zeit zwar das Gebiet des „Zusammenstoßes“ mit dem Jäger, insbesondere wenn der Verlust eines Rottenmitgliedes durch lautes Klagen angezeigt wurde. Sie meiden den Standort, die Kirrung oder das Haferfeld, in dem der Schuss fiel, tauchen dafür im nahegelegenen Wald oder Nachbarfeld auf. Der Jäger, der nur von einer bestimmten Kanzel oder an einer bestimmten Kirrung die Sauen bejagt, bekommt diese Verlagerungen nicht mit. Für ihn sind die Sauen „verschwunden“ (MÜLLER 1986, 2000, 2001, 2004). Natürlich kann man die Sauen auch auf eiligst organisierten Drückjagden im Maisschlag oder Rapsacker bejagen, doch ist zu diesem Zeitpunkt der Schaden meist schon eingetreten.

Ansitz und Pirsch sind im Feld aber auf die Nacht konzentriert, denn überall, wo Schwarzwild intensiv bejagt wird, ist es nachtaktiv. Die korrekte Bejagung wird damit zu einer Frage der Lichtqualität und der Jagdoptik. Natürlich ist es auch bei schwachen Lichtwerten noch möglich, eine dicke Bache oder einen Überläuferkeiler ins Visier zu bekommen; aber die Frischlinge verschwinden durch ihr mimetisches Farbkleid meist in der Vegetation. Eine Rotte lässt sich erfahrungsgemäß nur durch „letale Vergrämung“ disziplinieren. Die älteren Bachen begreifen, was passiert, und meiden in den meisten Fällen für einige Zeit die Gefahrenzone. Der Abschuss erfahrener Bachen, die bekanntlich deutlich über 15 Jahre alt werden können, bewirkt keinen Vergrämungseffekt bei den dann führungslos gewordenen Frischlingen. Der Schaden nimmt zu. Auch deshalb ist es notwendig, gezielt die Frischlinge im Feld zu bejagen.

Natürlich kennen die Jäger die kontinuierlich seit Jahrzehnten erhobenen Forderungen auch des Deutschen Jagdschutzverbandes, mindestens 75 % des Abschusses in der Frischlingsklasse zu tätigen, statt die Bestände durch Eingriffe bei den älteren Stücken ständig zu verjüngen und zu vitalisieren. Natürlich wissen die Jäger, dass insbesondere beim Auftreten der KSP die Dynamik des Seuchengeschehens von den Hauptvirusausscheidern, den Frischlingen, bestimmt wird. Beim Frischlingsabschuss kann man nichts falsch machen, aber man kann ihn bei der nächtlichen Ansitzjagd im Feld nur dann sicher durchführen, wenn man bei häufig nicht ausreichendem Licht die Technik dazu besitzt und sie auch anwenden darf. Der Wildschaden tritt bekanntlich nicht nur bei Vollmond auf, sondern meistens dann, wenn das Dunkel der Nacht dem Schwarzwild die notwendige Sicherheit liefert, um in die bei Licht manchmal zu bleihaltigen Feldfluren vorzudringen.

Bei der Nachtjagd in Problemgebieten, und ich spreche im Folgenden nur von Problemgebieten, sollten deshalb nicht nur Nachtsichtgeräte, sondern auch Nachtzielgeräte auf den Jagdwaffen erlaubt werden. Natürlich kenne ich auch die bereits existierenden rechtlichen Schlupflöcher, die schon längst im Umlauf sind, ganz zu schweigen von den zahlreichen illegalen, natürlich nur für „die Auslandsjagd“ wie warme Semmeln angebotenen Problemlösungen (BÜNTING 2005). Mir geht es aber um ein für alle transparentes Verfahren, das sichert, dass wir gezielt in die Jugendklasse und die nichtführenden „Überläufer-Bachen“ eingreifen können, damit wir wirklich die Schwarzwildpopulationen in den Griff bekommen und letztlich die Wildschäden in der Feldflur erheblich minimieren können.

Der Gesetzgeber hat jedoch im neuen Waffengesetz meinen diesbezüglichen Wünschen ein klares „Nein“ entgegengesetzt. Danach ist bekanntlich schon der Besitz von Vorrichtungen, die das Ziel beleuchten (z.B. Zielscheinwerfer) oder markieren (z. B. Laser oder Zielpunktprojektoren), auch weiterhin verboten. Gleiches gilt für Nachtsicht- und Nachtzielgeräte mit Montagevorrichtungen für Schusswaffen sowie Nachtsichtvorsätze und Nachtsichtaufsätze für Zielhilfsmittel (z.B. Zielfernrohre), sofern die Gegenstände einen Bildwandler oder eine elektronische Verstärkung besitzen. Neu ist die Definition dieser Gegenstände in Anlage 1, Abschnitt 1, Nr. 4.1:

Danach sind Zielscheinwerfer für Schusswaffen bestimmte Vorrichtungen, die das Ziel beleuchten. Ein Ziel wird dann beleuchtet, wenn es mittels Lichtstrahlen bei ungünstigen Lichtverhältnissen oder Dunkelheit für den Schützen erkennbar dargestellt wird. Dabei ist es unerheblich, ob das Licht sichtbar oder unsichtbar (z.B. infrarot) ist und ob der Jäger weitere Hilfsmittel für die Zielerkennung benötigt.

Laser oder Zielpunktprojektoren für Schusswaffen sind bestimmte Vorrichtungen, die das Ziel markieren. Ein Ziel wird markiert, wenn auf diesem für den Schützen erkennbar ein Zielpunkt projiziert wird.

Nachtsicht- oder Nachtzielgeräte für Schusswaffen sind bestimmte Vorrichtungen, die eine elektronische Verstärkung oder einen Bildwandler und eine Montagevorrichtung für Schusswaffen besitzen. Zu Nachtzielgeräten zählen auch Nachtsichtvorsätze und Nachtsichtaufsätze für Zielhilfsmittel (z.B. Zielfernrohre).

Hoffentlich halten sich alle Ganoven an diese Vorschriften. Wir Jäger tun es, obwohl damit die Effektivität der Nachtjagd eindeutig sinkt und Fehlabschüsse weiterhin zum jagdlichen „Alltag" gehören werden. Kompensieren können wir die legal nicht einsetzbare Nachsichtziel-Technik nur durch noch bessere Revier- und Schwarzwildkenntnisse. Natürlich sind mir auch die Bedenken der „weidgerechten Jäger" und einiger Jagdfunktionäre gegen eine „zu effiziente Jagdoptik" bekannt. Einige sind der Überzeugung, dass die Beunruhigung der Reviere dadurch weiter zunehmen würde. Diejenigen, die allerdings unterstellen, dass man damit auch in der Nacht andere Wildarten bejagen könne, z.B. den vielendigen Rothirsch des Nachbarn, verkennen, dass man den, ebenso wie die dicke Bache, auch mit derzeit erlaubter Nachtoptik schießen kann. Es geht mir ausschließlich um die tierschutzgerechte Frischlings-Bejagung in Problemgebieten.

Beschränken wir uns also darauf, dass wir erst bei Mondwerten von über 2 (nach dem Tischhoffschen Mondhelligkeitskalender) Schwarzwild auf der Nachtpirsch bejagen können, vorausgesetzt, man kennt sein Revier und das Verhalten des Schwarzwildes und man besitzt ein erlaubtes Nachtsichtgerät oder ein exzellentes Nachtglas zum Beobachten und Auffinden des Wildes. Genießen wir also die nächtliche Pirsch, die mir unvergessliche jagdliche und nachdenkliche Augenblicke schenkte, die ich nicht missen möchte, und mich deshalb immer wieder hinaus zieht, „wenn süß das Mondlicht auf den Hügeln schläft". Das rationale Motiv ist „Schwarzwildschäden verhindern", die Faszination des Zaubers der monderhellten Landschaft der viel tiefer sitzende emotionale Antrieb.

Es ist schon erstaunlich, dass erst im 17. Jahrhundert die abendländische Malerei angerührt wurde vom Mond und dem Sternenuniversum. Adam Elsheimers Mondlandschaften, der im flackernden Mondlicht durch zerrissene Konturen und scharfe Helldunkelkontraste aufscheinende Sternenhimmel von Francois de Nomé, Alessandro Magnasco, Aert van der Neer oder Salvator Rosa versuchten diese Stimmung ebenso zu bannen wie deutsche Romantiker, die sich mit ihrer Malerei der unendlichen Weite des Universums in ihren Mondlandschaften zu nähern suchten. Aber der Mond hat nicht nur Künstler fasziniert, er steuert auch auf vielfältige Weise die Lebensrhythmik zahlreicher Organismen (ENDRES und SCHAD 1997). Dazu gehören übrigens selbst unsere Regenwürmer, bei denen bereits 1957 entdeckt wurde, dass ihre Aktivitäts- und Ruhepausen von sich überlagernden Rhythmen von Sonnentag (24 Std.), Mondtag (24,8 Std.) und Mondmonat (14,7 bzw. 29,5 Tage) geordnet und gesteuert werden. Ihre Bewegungsaktivitäten sind abends und nachts am größten sowie etwa drei Stunden vor dem täglichen Tiefstand des Mondes unter dem Horizont, während Voll- und besonders Neumond. Die Sauen wissen das und durchpflügen vor allem nach kräftigen Regengüssen die oberen Bodenschichten während dieser Zeiten auf der Suche nach saftigen, eiweißreichen Würmern, notwendiges Zusatzfutter für die einseitige Maiskost oder die Eichelmast. Aber auch die Jäger kennen diese Zeiten, wenn das Schwarzwild magisch von den Wiesen angezogen wird. Natürlich wollen sie dann nicht nur die Seele baumeln lassen; sie wollen oder müssen auch jagen. Die Natur hat sie allerdings dafür mit absolut unterentwickelten, den Wildtieren deutlich unterlegenen Sinnen ausgestattet. Aber der Garant für die Überlegenheit von Homo sapiens, für seinen Siegeszug rund um die Welt und ins Weltall war immer seine Technik, ohne die unsere moderne Zivilisation undenkbar wäre. Natürlich kann Technik in unterschiedlicher Weise benutzt werden. Auch das zeigte uns die Malerei, z.B. die „Nächtliche Fasanenjagd“, ein Gemälde von Johann Conrad Seekatz (1719-1768), das Landgraf Ludwig VIII. von Hessen mit Blendscheinwerfer in Wilderermanier und nach heutigen Normen gesetzeswidrig bei der nächtlichen Fasanenjagd darstellt; ein eklatanter Verstoß gegen das deutsche Jagd- und Waffengesetz und natürlich auch gegen die Grundsätze deutscher Weidgerechtigkeit. Aber das war im 18. Jahrhundert; alles verjährt? Bestimmt nicht. „Als natürlicher Erfahrungsraum und alltägliche Erlebniswirklichkeit ist uns die Nacht in den letzten hundert Jahren nahezu gänzlich abhanden gekommen“, meinte GAßNER (1998); aber er verstand offensichtlich nicht die Seele des Jägers.

Natürlich ist eine solche „Strecke“ keine Heldentat und wird von vielen Jägern und Nichtjägern als „Kindermord“ diffamiert; und dennoch ist sie natürlich „weidgerechter“ als der Abschuss einer Bache, die post mortem sich in eine „Beibache“ verwandeln lässt und nach zwei Glas Bier eine Geschlechtsumwandlung zum „Überläuferkeiler“ erfährt.

Telemetrierte führende Bache, die im Grenzbereich zwischen Deutschland und Frankreich geschossen, nicht gemeldet und auch nicht „nachgesucht“ wurde.

Natürlich scheiden sich bei der Nachtjagd die Geister. Die einen, meist Inhaber großer Waldreviere, plädieren dafür, dem Wild wenigstens in der Nacht eine Atempause einzuräumen vor dem Jagddruck, den Jägern und der Freizeitgesellschaft. Sie erfüllen ihren Abschuss, besonders den des Schwarzwildes, bei den herbstlichen Gemeinschaftsjagden. Einige von ihnen sind sogar, ähnlich wie viele forstgeprägte Anhänger der sog. „Ökologischen Jagdvereine", dafür, nur mittels Drück- oder Bewegungsjagden die Bestände von Rot-, Schwarz- und Rehwild zu „regulieren". Natürlich schimpfen sie über die Waldrand- und Feldjäger, die in ihren meist kleineren Revieren rund um die Uhr jagen müssen, um die Schwarzwildschäden erträglich zu halten. Sie verkennen dabei fast immer, dass unterschiedliche Landschaften und Ökosysteme auch an sie und die Wildtiere angepasste Bejagungsstrategien erfordern.

Die „moderne Landwirtschaft" hat sich mit politischer Unterstützung zur „Energiewirtschaft" entwickelt, die auch mit dem ökologischen Feigenblatt einer selbstverordneten „Cross compliance" die Feldflur zu dem attraktivsten flächendeckenden Kirrplatz für das Schwarzwild verkommen ließ, der jemals in deutschen Landen existierte. Und während die Jäger von Sankt Bürokratius bei der Anlage von Kirrplätzen mit Kilogramm-Angaben und -Limits gegängelt werden, schlagen sich die Sauen die Wamme voll in der von Energiemais, Bioethanol-Weizen, Brauereigerste oder Hafer vollgestopften und zuvor reichlich übergüllten Landschaft. Während bei jedem „heiligen Blechle" der CO_2-Ausstoß sofort in angeblich klimarelevante Besteuerung transformiert wird, scheinen die hochsubventionierten Rindviecher schon längst den Status heiliger und damit unangreifbarer Induskühe erreicht zu haben, die „keinen Einfluss auf das Klima besitzen". Verständlich, dass die Waldrand- und Feldreviere keine Pächter mehr finden. Warum die Jagdgenossen sich darüber wundern und sich auch noch ärgern, dass ein kleines Waldrevier mit nur 120 Hektar, allerdings Rot- und Schwarzwild als Wechselwild, zum Schnäppchenpreis von 17000 Euro einen Pächter findet, ist mir schleierhaft Die Landwirtschaft produziert zu einem erheblichen Teil ihren Schwarzwildschaden selbst. Aber getreu dem Grundsatz meines Großvaters „Mach Dir aus jeder Not eine Tugend", hatte ich mich schon längst auf das Spiel eingestellt. Allerdings galten immer zwei Randbedingungen für meine Jagd: sie musste ökosystem- und tierschutzgerecht sein.

Ärger mit den Hafer-Sauen oder: Nachtsichtzielhilfen wären besser für Sauen und Jäger.

Milchreifer Hafer und volle Weizenähren im Feld, der Waldboden übersät mit Wildkirschen, die Krume von kräftigen Sommergewittern durchfeuchtet, ein Paradies für Regenwürmer, Engerlinge, Rötelmäuse und Wildschweine. Die erfahrenen Bachen kannten das, verfügten in ihren Hirnwindungen über raumzeitlich differenzierende Landschaftsinformationssysteme, in denen allerdings nicht nur die mosaikartig verteilten „Frühstücksbrettchen", sondern auch die lebensbedrohlichen Gefahrenpunkte eingebrannt waren. Ihr Tagesrhythmus wurde bestimmt im Spannungsfeld von Feindvermeidungsverhalten, der Attraktivität landwirtschaftlicher Flächen und sozialer Stimulanzien. Bis zum Sonnenuntergang lagen sie in mir gut bekannten Dickungen im Staatsforst; erst mit verlöschendem Licht tauchten sie am Rande der Feldflur auf, nachdem sie deren „Schwarzwildverträglichkeit" sorgfältig mit ihren exzellenten Geruchssensillen geprüft hatten. Wie oft schon hatte ich meist ältere Bachen am Waldrand beobachtet, völlig versteinert, den Rüssel hoch in den Wind gehoben, ohne sich zu bewegen. War die Luft rein, kamen sie unbekümmert heraus, hinter ihnen die übrigen Rottenmitglieder, und machten sich über die Engerlinge oder Regenwürmer in den Wiesen oder den Weizen her. Förster und andere Waldjäger regt das alles nicht sonderlich auf, aber die Feldjäger, denen krakelende Bauern auf den Füßen stehen, finden in der Vegetationsperiode keine Ruhe. Sie müssen die Sauen aus der Feldflur halten, den „Bestand den landeskulturellen Bedingungen anpassen" und dabei das Schwarzwild fair bejagen, nicht die erfahrenen und damit erziehbaren Bachen erschießen, die auch bei schwachem Licht trotz grauer Sommerschwarte noch im Weizen- oder Haferfeld im Absehen erkennbar sind, sondern die kleinen Frischlinge. Aber wie? In den Sommermonaten wird das Schwarzwild in der Nacht zusätzlich durch die silbergraue Sommerschwarte geschützt, die es im Hafer fast unsichtbar macht; und die noch gestreiften Frischlinge verschwinden wie ein Fuchs im Graubraun des Untergrundes. Oftmals hatte ich Sauen in der Nacht mittels Nachtsichtgerät in der weiten Feldflur entdeckt. Immer durch das linke Auge beobachtend, konnte ich mich an sie meist problemlos heranpirschen.

Allerdings gelang es mir dann nicht, einen der Frischlinge ins Zielfernrohr zu bekommen. Die Bache und „dickeren Stücke" wären fast immer möglich gewesen, aber die Frischlinge?

Glücklicherweise gibt es fast in jedem Revier einige zivilisationsbedingte „Lichtblicke", wo die Straßenbeleuchtung eines nahegelegenen Ortes oder die Scheinwerfer eines vorbeifahrenden Kraftfahrzeuges wenigstens kurzfristig, durchaus gesetzeskonform, die Szenerie erhellen.

Ende Juli 2008 stand in meinem Wahlener Revier ein direkt am Waldrand wie ein idealer Wildacker angelegtes Haferfeld in der Milch. Zum langgestreckten Tal hin wurde es durch einen 15 Hektar großen Biomaisacker „harmonisch" abgerundet. Diesen hatte ich schon im Vorjahr mit einem stabilen Wildzaun gegen die Sauen zum Wald hin abgesichert (ca. 4 km), hatte ein im Süden angrenzendes Waldgebiet von 40 Hektar, weil die dortige Nachbarjagd auch wegen der ausufernden Schwarzwildschäden nicht mehr „an den Mann zu bringen" war, aus der Nachbarjagd herauspachten können. Zwischen Biomais-Wildzaun und Waldrand konnte ich schmale Wiesenstreifen ankaufen, die natürlich vom Schwarzwild kräftig durchwühlt wurden. Eine der saftigen Waldrand-Wiesen, die ich leider nicht erwerben konnte, war vom Schwarzwild so stark malträtiert worden, dass der Bauer sie einfach umpflügte und sie mit Hafer einsäte; ein perfekter Wildacker, wenn ein Jäger ihn angelegt hätte, so aber nur eine Schwarzwildschadensfalle. Der einzige Vorteil bestand darin, dass diese Fläche vom Ort her schwach beleuchtet wurde; eine legale Lichtquelle.

Die Sauen konnten unbemerkt vom Wald her anrücken; sie kannten die Geräusche und Düfte des Ortes, den ewig kläffenden Köter ebenso wie das Gegröle von Männerkehlen von einer nahegelegenen Table-Dance-Kneipe, wie sie in der Provinz zum kulturellen Inventar geworden sind, deren Wirt allerdings bei mir einen Stein im Brett hatte, weil ich ihm eine erfolgreiche Nachsuche auf einen krankgeschossenen Keiler verdankte. Dieser wollte sich am helllichten Mittag in einen von Mädesüß überwachsenen Bachlauf einschieben und wurde dabei vom Wirt beobachtet; ein Anruf genügte, und die Table-Dance-Kneipe erhielt eine erhebliche moralische Aufwertung in meiner auch ansonsten nicht prüden Weltauffassung.

Das Schwarzwild wusste auch, dass von den sangesfreudigen Wahlener Bürgern, die aus jedem Geburtstag ein Dorffest machten, keine Gefahr ausging. Man durfte nur nicht vorsichtig schleichen; man musste sich ökosystemgerecht, d.h. dorfgerecht verhalten.

Ich hatte mir einen kleinen Sitz in den oberen Rand des Maisfeldes so eingebaut, dass ich ihn ungesehen durch das Maisfeld erreichen konnte, mit Blick auf den Waldrand und das Haferfeld, das schwach erleuchtet wurde vom Dorf in meinem Rücken. Im Autoradio hatte ich noch in den 22-Uhr-Nachrichten vernommen, dass der ehemalige Serbenführer Radovan Karadzic verhaftet wurde, Clement trotz oder wegen seiner klaren Aussprache zu Frau Ypsilanti aus der SPD ausgeschlossen werden sollte. Dann schlossen sich beruhigend die Maisstängel über mir und ich schlich zum Sitz. Beim Hochklettern beobachtete 15 m vor mir eine Geiß offensichtlich fasziniert meinen Aufstieg, sprang aber erfreulicherweise nicht ab. Alles war still. Hin und wieder drang des Gequietsche von Siebenschläfern vom Waldrand her.

Auch Dachse feierten laut ihre Hochzeit in den ansteigenden Hängen. Die Geräusche des Waldes hielten mich wach. Um 23.30 Uhr vernahm ich ein schwaches Knacken eines Astes im Wald; dann war lange Zeit Ruhe. Ich wusste, dass die Sauen da waren, dass die erfahrenen Bachen das Terrain überprüften. Dann um 24 Uhr hörte ich das typische, genussvolle Knatschen von Schwarzwild im Hafer, dazwischen wohlige soziale Stimmfühlungslaute. Im lichtstarken Nachtglas erkannte ich einzelne graue Sauschemen. Sie ließen sich nicht stören durch den vom Ort her wehenden Menschenduft, nicht stören durch den in unterschiedlichen Abständen kläffenden Köter, nicht stören durch sangesfreudige Männerstimmen. Selbst auf derbe Männerwitze mit anschließendem Gejauchze reagierten sie nicht, auch nicht auf das Fernlicht einzelner Autofahrer. Sie fühlten auch nicht meine Nähe, und wenn, dann hielten sie mich für einen „Normalbürger". Nach langem Spähen wusste ich, was sich vor mir im Hafer genüsslich vergnügte. Zwei stärkere Bachen, ein einzelnes Stück, das sich abseits hielt und ich nicht sicher ansprechen konnte, zwei etwa 40 Kilogramm schwere „Graukittel" und vier ca. 20 Kilogramm schwere Frischlinge. Die Gruppe war mir vertraut; ich hatte sie bereits bei zunehmendem Mond im Mai und Juni um zwei jüngere etwa 9 Monate alte Bachen und einen Frischling reduziert. Ich kannte den etwa 800 bis 1 000 Hektar großen Aktionsraum der beiden Bachen sehr gut und war mir sicher, dass sie auch mich kannten; nur vermuteten sie mich heute Nacht nicht an dieser Stelle in ihrer Nähe.

Und nun begannen Zielübungen, die an den Nerven zerrten. Ein Teufelchen flüsterte mir immer wieder zu, dass eine der beiden dicken Bachen, die ich relativ leicht ins Zielfernrohr bekam, doch auch „verantwortbar“ wäre. Irgendein pazifistischer Engel versuchte mich davon zu überzeugen, dass auch ein in die Luft abgegebener Schreckschuss zwar keinen Schweinerücken liefern, zumindest den Hafer aber schützen würde. Für wie lange?

Langjährige Erfahrungen auch und gerade mit telemetriertem Schwarzwild hatten mir gezeigt, dass eine abschreckende Wirkung nur durch den Verlust eines Rottenmitgliedes zu erreichen war, durch letale Vergrämung, wobei allerdings die erfahrenen und intelligenten Stücke der Rotte verschont werden mussten. Bei Frischlingen und „Überläufern“ schien diese Lernfähigkeit durch Vergesslichkeit überlagert zu werden. Nicht nur durch meine professorale Lehrüberzeugung bin ich dafür, dass wir die Dummen und Vergesslichen jagen, die Intelligenten (Bachen) aber als Hilfsassistenten schonen sollten. Es geht mir nicht um die sog. „Leitbache“; es geht mir um den erzieherischen Wert, den nun einmal erfahrene Bachen besitzen, und es geht mir um den Muttertierschutz, der uns Jäger von den Schießern unterscheidet (MÜLLER 2007). Natürlich müssen wir auch Bachen erlegen, in den meisten Revieren mindestens 8 %, aber die richtigen. Schießen wir die erfahrenen Bachen, dann treiben wir den Wildschaden, verursacht durch die dann vandalierend herumziehenden, aperiodisch auftretenden Überläufer- und Frischlingsrotten, in die Höhe.

Fernglas (2,5-10 x 56) wechselte mit Zielfernrohr (3-12 x 56). Ich wollte einen Frischling schießen, etwa 100 m von mir entfernt. Nach einer halben Stunde hatte ich mich eingesehen, erkannte hin und wieder eines der beiden kleineren Stücke im Glas. Aber die Frischlinge? Das war genau die Situation, wo ein Nachtsichtzielfernrohr ideal gewesen wäre. Natürlich sind die Waldjäger und alle Gutmenschen dagegen, natürlich auch der Gesetzgeber, der überall Bösewichte und Terroristen vermutet. Gegen wirkliche Profis sind Amateure aber immer machtlos. Natürlich haben die Ganoven schon seit langem alle Schießgeräte und Nachtzielhilfen, die verboten sind. Die beiden dicken Bachen vor mir wären möglich gewesen, aber die Frischlinge?

Bei meinen Zielübungen kam mir zugute, dass immer dann, wenn an einer bestimmten Stelle ein Auto durch den Ort fuhr, die Haferfeld-Szenerie durch dessen Scheinwerfer erhellt wurde. Wenn ich das selbst machen würde, wäre das ein „Anleuchten des Zieles“ und damit verboten.

Ich wartete weiter; dann hörte ich wieder ein Auto. Seine aufgeblendeten Scheinwerfer tasteten über den Mais, erreichten das Haferfeld; im Zielfernrohr Bache, daneben starker Frischling, noch ein Frischling. Krachend brach der Schuss, hallte zwischen den Hügeln, rollte durch den Ort, ließ schlagartig die Männergesänge verstummen. Die Sauen rauschten in den Wald, auf und davon. Ich war mir sicher, gut abgekommen zu sein, wusste allerdings nicht, ob der Frischling am Anschuss lag oder …? Eine halbe Stunde wartete ich noch; erkennen konnte ich nichts, nur meine Table-Dance-Männerstimmen hatten zu alter Kraft zurückgefunden. Ich schlich zurück durch den Mais, zurück zum Auto, wo mich Odin ungeduldig erwartete. Natürlich hatte er den Schuss vernommen, wusste was jetzt kam. Bevor ich ihm die Schweißhalsung umlegte, musste ich ihn zunächst beruhigen, disziplinieren und ihm die Möglichkeit geben, seine Blase an den umstehenden Maisstängeln zu entleeren. Dann ging es mit „Drahthaar-Düsenantrieb“ am langen Riemen zurück durch den Mais, zum kleinen Sitz, über den Wildzaun zum Haferfeld. Da ich den Anschuss nicht sicher ausmachen konnte, ließ ich den Rüden gegen den Wind an der langen Leine ins Haferfeld. Wir waren noch keine zwanzig Meter im Hafer, als der Hund stramm vorstand; ich ließ ihn in Ruhe, was immer das bei einem Drahthaar heißt. Stramm legte er sich in den Riemen, zog mich fast im freien Flug hinter sich her, um nach achtzig Metern abrupt zu stoppen. Wir standen vor einem ca. sieben Monate alten Schweinchen, das die Altvorderen nun als Überläufer definiert hätten, das für mich aber ein 24 Kilogramm schwerer Frischling war. Die Kugel saß dort, wo sie hingehörte, dank der Leuchthilfe eines unbekannten Autofahrers. Es war im übrigen das 19. Wildschwein, das ich mit einer mir freundlicherweise von Blaser zu Testzwecken für das Jagdjahr 2008 zur Verfügung gestellten, bleifreien 6,5 x 68 Patrone (Barnes X; Firma W.R. Ammunition 32469 Petershagen) am Anschuss gebannt hatte. Die Patrone hatte ganze Arbeit geleistet, und ich wunderte mich, warum unter deutschen Jägern „bleifreie Patronen“ immer noch ein Thema darstellen.

Wenige Wochen später, der Hafer war gerade abgeerntet, der Mais hatte sich dafür als flächendeckende Kirrung für das Schwarzwild entwickelt, zog es mich erneut an den Ort des Geschehens. Schwarzwildschäden in meinen Wiesen hatten mich davon überzeugt, dass sie offensichtlich auch im Mais waren, der vom Rande her betrachtet aber keine Auffälligkeiten zeigte. Aber wir wissen ja, dass sich das übliche „Maisfest“ im geschützten Innern eines Maisackers vollzieht. An zwei Stellen war mein Wildschutzzaun vom Bauern bei der Maisernte im Vorjahr beschädigt worden, und er war wohl zur Überzeugung gelangt, dass ich „meinen Zaun auch pflegen müsse“. Soweit es die Wildschweine anbelangte, sah ich das ja auch ein, aber gegen „Bauernschäden“ besteht meines Wissens noch keine Schadensersatzpflicht. Die Sauen hatten genau an diesem Zaunlückenzugang zum Maisfeld gefunden, was natürlich auch der Bauer bemerkt hatte, ihn zunächst zu dem üblichen Protestgestöhne veranlasste, ihn aber dann, nach kurzer telefonischer Rücksprache und Aufklärung der „Rechtssituation“, zu hektischen „Selbstheilungs- und Zaunflickmaßnahmen“ bewegte. Vom Fährtenbild her hatte ich es nicht mit der mir bekannten Rotte aus dem Haferfeld zu tun, sondern mit etwa fünf bis sieben mittelgroßen Sauen, die auf der Suche nach Engerlingen, Tipuliden und Regenwürmern stellenweise die Wiese in einen Sturzacker in zwei regennassen Nächten umgeformt hatten.

Bevor ich wieder gegen 22 Uhr bei leichtem Westwind und Regen meinen kleinen Sitz am Rande des Maisackers ansteuerte, mit Blick auf das abgeerntete Haferfeld zur Rechten und den Anfang der Waldrand begleitenden Wiese zur Linken, meldete mein Heimatsender, dass die amerikanischen Republikaner gerade ihren 1967 über Hanoi bei einem Kampfeinsatz abgeschossenen 72-jährigen „Kriegshelden“ aus Arizona, John McCain, zum Präsidentschaftskandidaten und die fünffache Mutter, Jägerin und Gouverneurin von Alaska, Sarah Palin, zu seiner Vizekandidatin gewählt hatten. Meine Lodenjoppe hatte ich schützend über meine Mauser gelegt. Bis gegen 23.30 Uhr tat sich „schweinemäßig“ nichts. Mögliche verräterische Geräusche aus dem Maisacker wurden vom Regen und dem Wind überdeckt. Ich baumte ab und begann fast mehr stehend als gehend meine Pirsch mit halbem Wind nach Osten, entlang des Wildackerzaunes, den Mais links, die Wiese rechts. Wieder musste ich den Straßenlaternenbauern im Stillen dafür danken, dass ihre Lampen mir ausreichendes Licht auf die Wiese verschafften. Nach etwa 200 Metern hielt ich an einem höheren Zaunpfosten an, deckte die Waffe gegen den Regen wieder schützend mit dem Loden ab und beobachtete mit dem Glas die Wiese. Der Wind rauschte im die Wiese begrenzenden Wald; bis 24.20 Uhr blieb alles ruhig. Dann entdeckte ich etwa 200 Meter entfernt auf der Wiese zunächst drei, dann fünf dunkle „Klopse“, die sich mit der Grasnarbe beschäftigten. Der Wind stand nicht optimal für mich, aber durch die Geländestruktur bedingt wehte er doch stärker vom Wald in Richtung Mais. Es dauerte eine halbe Stunde, bis ich ahnte, was die Sauen, die zwar langsam auf mich zuzogen, dennoch immer wieder kurz im Wald verschwanden, vorhatten. An Schießen war nicht zu denken. Also pirschte ich nun langsam den Sauen entgegen; „entweder komme ich auf Schussentfernung heran oder ich vertreibe sie wenigstens“, dachte ich. Langsam schob ich mich näher, von Pfosten zu Pfosten, immer das Fernglas mit dem Zielfernrohr vertauschend, testend, ob ein sicherer Schuss möglich wäre. Schließlich schienen mir die fünf etwa gleich großen Sauen im Fernglas doch recht groß zu sein; im auf kleinste Stärke eingestellten Zielfernrohr schrumften sie dagegen auf Frischlingsmaß. Ich musste näher heran; schließlich erkannte ich die Sauen mit bloßem Auge; ich war 40 Meter von ihnen entfernt, und sie hatten mich nicht vernommen. Aufgelegt auf einem Wildgatterpfosten beobachtete ich jetzt nur noch das ruhige Treiben vor mir durch das Zielfernrohr der gestochenen Waffe. Zwei Sauen standen mit dem Wurf gegeneinander vor einem offensichtlich sehr ergiebigen Wiesenloch; beides waren vermutlich starke Überläuferkeiler. Als der Schuss brach, war die Hölle los; es krachte etwas Schweres gegen den Wildschutzzaun am Mais, und oberhalb blies eine Sau im Wald. Von dem beschossenen Stück sah ich nichts, glaubte nur, dass da ein Hügel auf der Wiese war, den ich vorher nicht wahrgenommen hatte. Ich wartete noch eine Viertelstunde, dann holte ich mein Auto mit Drahthaar Odin, fuhr allerdings den Ort des Geschehens vom Osten her an. Der Hund zeigte mir etwa 150 Meter vom Anschuss überall das Wirken der Sauen an, war aufgeregt; dann standen wir vor einem Loch im Wildzaun, das eine Sau offensichtlich bei der Flucht in den Zaun gestanzt hatte. Deutlich zeigten die Borsten, von wem das Loch stammte; aber es gab keinen Tropfen Schweiß. Der Rüde hatte sich aber sofort abgewandt und zog in Richtung Waldrand. Nach etwa 30 Metern standen wir vor einem 59 Kilogramm schweren Überläuferkeiler; das 7,8 g Barnes X-Geschoss aus der 6,5 x 68 hatte wieder ganze Arbeit geleistet. Natürlich wäre mir bei der Wildschadenssituation ein „Zuwachsträger“ noch lieber gewesen; aber wer hadert mit Diana, wenn sie ein solches Jagdglück nach abenteuerlicher Pirsch gewährt.

Die drei Musketiere oder bei Schnee kann man auf Nachtzielgeräte verzichten.

Als Alexandre Dumas 1845 seinen Abenteuer-Roman „Die drei Musketiere“ veröffentlichte, dachte er vermutlich nicht an Wildschweine, denn seine vier Helden Athos, Aramis, Porthos und d’Artagnan waren so durch Rankünen zwischen Kardinal Richelieu und König Ludwig XIII. gebunden, dass ihnen im Gegensatz zum Gallier Obelix keine Zeit blieb, um an Wildschweine zu denken, geschweige denn sie zu jagen. Aber mich erinnerten die drei „Überläufer“, die wie die drei Musketiere ursprünglich vier waren, an die Romanhelden von Dumas. Vielleicht war es ihre scheinbare Unbekümmertheit und ihre Unstetigkeit, die zu unterschiedlichen Zeiten und an unterschiedlichen Stellen immer wieder zu einem kaum prognostizierbaren Zusammentreffen führten. Natürlich machten sie Ärger, die ursprünglich vier Musketiere, wenn sie bevorzugt die Wiesen durchpflügten, aber an keiner Kirrung gesichtet wurden, oder wenn sie sogar an einem Biobauernhof den dort gehaltenen Hausschweinen ihre Aufwartung machten. Das ihnen in der freien Landschaft offerierte Kirrmaterial war wesentlich attraktiver, überzeugte durch breite Streuung, leichte Zugänglichkeit und fehlende Limitierung. An unseren drei Kirrungen standen ihnen gerade einmal zwei Kilogramm Mais zur Verfügung, abgedeckt mit dicken Bohlen, gerade einmal genug, um als Erinnerungsposten in irgendeinem ihrer Gehirnwinkel für Notzeiten abgespeichert zu werden. Die Landschaft war seit langem zu einer paradiesischen Kirrfläche für die Sauen umgeformt worden. Hier, im von der EU subventionierten Schlaraffenland, greift keine „Kirrverordnung“; denn welcher Politiker oder Dr. Wichtig greift schon die Bauern an?

Die Erlegung des vierten Musketiers war deshalb ein Zufallstreffer und ereignete sich auch nicht in der Nacht. Ausgerechnet in der Nähe eines Holzlagerplatzes, den ich zur Mittagspause der Waldarbeiter aufsuchte, weil diese mir von Damwild berichteten, das aus einem fünf Kilometer entfernten Gatter ausgebrochen war, und dessen Fährtenbilder ich dort festgestellt hatte, kamen mir die vier im lichten Buchen- und Eichenbestand entgegen. Was immer der Grund für ihre mittägliche Wanderung war, wusste ich nicht. Sie steuerten auf mich zu, und ich drückte mich hinter eine dicke Eiche.

Die Nachtpirschjagd bei Schnee ist auch ohne spezielle Nachtoptik möglich, erfordert jedoch auch vom Jäger exzellente Revier- und Wildkenntnisse. Ein „schwarzwilderfahrener, mitpirschender" Hund erhöht die Chancen und reduziert die Risiken.

Der Wind küselte etwas, aber offensichtlich kannten sie den Holzlagerplatz und wussten, dass die dortige menschliche Witterung keine Gefahr bedeutete. Durch das Zielfernrohr meines Drillings beobachtete ich die vier. Einer spielte offensichtlich „Leitbache"; sein linker Teller war schwach geschlitzt. Als der letzte in der Truppe sich sichernd zur Seite drehte, war das Blatt frei und der Schuss draußen. Glück muss der Jäger haben. Die beschossene Sau stürmte davon, zusammen mit ihren Kameradinnen oder Kameraden, und blieb sich überschlagend etwa 50 Meter vom Anschuss im Bestand liegen. 38 Kilogramm wog die etwa 10 Monate alte, jugendliche Bache. Da warens nur noch drei, die durch das Falllaub davonrauschten, darunter Schlitzohr.

Aus diesem Revierteil zogen sie sich aber in der nächsten Zeit offensichtlich zurück oder korrekter ausgedrückt, ich suchte sie in diesem Revierteil in den nächsten Wochen vergebens. Allerdings fand ich wieder an unterschiedlichen Wiesenschadensflächen die Fährtenbilder von drei etwa 40 Kilogramm schweren Schwarzkitteln, die zumindest bei mir den Verdacht bestärkten, dass sie weiterhin im Revier ihr Unwesen trieben. Bei zunehmendem Januarmond traf ich erneut auf die Gruppe. Ich pirschte gegen 23 Uhr entlang einer 11 Hektar großen, von Wald eingeschlossenen Wiese auf dem Eisenberg. Natürlich hatte ich beobachtet, dass an einem dort auf 400 Metern Höhe gelegenen Topinambur-acker die Sauen kräftig gegraben hatten. Der Nordwest war zwar nicht besonders ideal für mein Vorhaben, aber man kann ja nicht wissen. Auf halbem Weg zum Acker zuckte ich zusammen, als drei dunkle „Klümpchen" mitten durch die ansteigende Wiese den Weg zum Topinambur ansteuerten. Sie mussten meinen Weg kreuzen, wenn wir unsere Richtungen beibehielten. Mitten auf der Wiese stoppten sie aber plötzlich, zu weit für einen sicheren Schuss, und eilten weg von mir in Richtung Hochwald. Sie konnten mich nicht bemerkt haben. Eher war zu vermuten, dass ihnen plötzlich doch Bedenken kamen wegen der freien Fläche. Was muss jetzt in den Hirnen der Schwarzkittel vorgehen? Ich war mir sicher, dass sie ihr eigentliches Ziel, den Topinamburacker, noch nicht aufgegeben hatten. Im Laufschritt eilte ich zu einer hohen Kanzel, die an einige Wetterfichten gelehnt über dem Acker trohnte. Es war still. Dann hörte ich die drei; sie kamen durch den angrenzenden Fichtenbestand, rumorten zwischen abgestorbenem Holz, Ästen und Falllaub herum, grunzten unaufgeregt. Ich machte mir Sorgen wegen des Windes, der quer über den Bestand wehte. Die Waffe lag entsichert auf der Brüstung der offenen Kanzel. Deutlich vernahm ich das Vorrücken der Sauen zum Topinambur; sie mussten bald erscheinen. Dann verstummten sie. Vermutlich hatten sie beim Rüssel aus der Dickung stecken doch etwas bemerkt. 15 Minuten blieb es still; dann hörte ich wieder das Knacken von Ästen und schließlich das alle Chancen beerdigende „Wuff", gefolgt von gedämpftem Blasen. Dann merkte ich, wie sich die Sauen in den Bestand zurückzogen. Als es ein Uhr vom Kirchturm läutete, baumte ich ab, nicht ohne mir am gegenüberliegenden Waldrand eine Stelle hinter einem dicken Ahorn eingeprägt zu haben, wo ich am nächsten Abend, wenn der Wind weiterhin von Nordwest wehte, auf die Sauen warten wollte. Vorsorglich brachte ich einen alten Weidepfosten als Gewehrauflage am Ahornstamm in die passende Position, dann trat ich den Heimweg an.

Am darauffolgenden Tag brachte der Nordwest Schneeregen. Als ich gegen 20 Uhr meinen Ahornstamm erreichte, meinen Klappsitz in Position gebracht, mein Gewehr mit dem Loden geschützt hatte, wartete ich auf die drei Musketiere. Bis 22 Uhr tat sich nichts; dann raschelte es in meinem Rücken. Mit dem Wind kam ein Altdachs zügig auf mich zu, stutzte kurz, als er den undefinierbaren dunklen Klumpen vor sich entdeckte, und verschwand dann in Richtung zu den tiefer gelegenen Walddickungen; kurze Zeit später erneutes Rascheln, dann Knacken. Erneut tauchte ein Dachs in meinem Rücken auf der Spur des Altdachses auf; es war ein Jungdachs, der trotz Schneegestöber ebenfalls mit dem Wind fast auf mich auflief. Auch er verschwand erschrocken in Richtung Dickungen. Natürlich dachte ich nicht, dass die Sauen auch mit dem Wind durch den Wald anwechseln würden; ich erwartete, dass sie gegen den Wind, wie am Abend zuvor aus der Fichtendickung kommend, in das vom Schneeregen aufgehellte Topinamburfeld ziehen würden. Um 22.20 Uhr frischte der Nordwest erneut auf; Schneeschauer drückten mich tiefer hinter den Ahornstamm; richtiges Sauwetter. Aber die Sauen kamen nicht; gebannt beobachtete ich das Topinamburfeld. Vielleicht ist es ein Rest von Wildnis in unseren Adern, der mir das Gefühl gab, dass ich beobachtet würde. Langsam drehte ich den Kopf, drehte den Körper, um rückwärts in den Wald spähen zu können. Ich erstarrte, als ich in drei Steckdosen blickte, die vier Meter hinter mir mich anpeilten: die Musketiere. Wie die Dachse zuvor waren sie mit dem Wind auf mich aufgelaufen, nicht von vorne gegen den Wind, sondern mit ihm. Sie mussten sich sehr sicher gefühlt haben auf diesem Wechsel. Ich versuchte langsam an die Waffe zu kommen, aber ich brachte sie nicht mehr hoch. Krachend donnerten die drei in Richtung Dickungskomplex, und ich konnte den Heimweg antreten. Am nächsten Tag überprüfte ich den Topinambur und stellte fest, dass die drei offensichtlich am frühen Morgen das Ziel ihrer nächtlichen Wanderung doch noch erreicht hatten.

Natürlich war ich am nächsten Abend wieder auf meinem Eisenberg. Diesmal wollte ich es noch schlauer anstellen. Weit entfernt vom Topinamburacker saß ich auf einer Leiter in einer mächtigen Randbuche und beobachtete die große Wiesenfläche. Gegen 23 Uhr entdeckte ich drei dunkle Klumpen im Topinambur. Wind prüfen, abbaumen und anpirschen. Mit halbem Wind schlängelte ich mich am Waldrand entlang zum Topinambur. Im Nachtsichtgerät verfolgte ich die drei, die sich unbeobachtet fühlten und tief in den Topinamburknollen bohrten. Bis auf dreißig Meter kam ich heran, lag auf dem Bauch und betrachtete durch das Zielabsehen bei guter, aber feuchtnasser Auflage die drei Musketiere. Der kleinste von ihnen stand breit und frei. Es war das beruhigende Klatschen der Kugel, wenn sie auf das Blatt trifft, was mich innerlich jubeln ließ. Die Sau schlegelte noch, als die anderen schon längst abgesprungen waren. Ich blieb liegen, atmete durch, zog mich an den Waldrand zurück und wartete. Als ich zu meinem Schwein sah, traute ich meinen Augen nicht, es war wieder aufgestanden. Ich schoss erneut; wieder deutlicher Kugelschlag trotz der Nähe. Die Sau lag und schlegelte nicht mehr. Jetzt hielt mich nichts mehr; ich eilte zu meiner Beute. Am Anschuss lagen zwei Schweine, beide mit gutem Blattschuss. Offensichtlich war eine Sau nach dem ersten Schuss wieder zu ihrem toten Kameraden zurückgekehrt, überprüfte ihn und wurde Opfer meiner zweiten Kugel. Es war das Schlitzohr vom Holzlagerplatz, ein Keilerchen wie sein zuvor bereits erlegter Kamerad. Beide brachten 36 bzw. 39 Kilogramm auf die Waage. Natürlich musste ich nun noch eine offizielle Nachsuche für Odin machen, er hätte mir sonst nicht verziehen, dass ich die Sauen ohne ihn zur Strecke gebracht hätte.

Der vierte der Musketiere blieb bis zum nächsten zunehmenden Mond verschollen. Dann begegneten wir uns am 10. April, als ich nach einer längeren Beiratssitzung noch zu munter war, um schlafen zu gehen, um ein Uhr am Topinamburacker. Er zog allein und war vermutlich der letzte der vier Musketiere. Wieder entdeckte ich ihn von Weitem mit dem Nachtsichtgerät, wieder übte ich mich im militärischen Kriechgang und wieder kam ich auf günstige Schussentfernung an meine Beute heran. 34 Kilogramm brachte er auf die Waage. Auch dieses Jagderlebnis zeigte mir, dass Revierkenntnisse und das Wissen um das Verhalten der Wildtiere die beiden entscheidenden Faktoren für erfolgreiche Pirschjagd sind, auch die Basis einer Jagd, die das Wild letztlich nicht über Gebühr beunruhigt, wenn man ihm einen Rückzug lässt.

Ein Schneebasse ohne Nachtsichtgerät.

Der Dezember hatte uns Schnee gebracht, nicht viel, aber ausreichend für die Nachtpirsch in einem Revier, in dem mir „fast jeder größere Stein bekannt" ist, jeder Heuballen und jede Bodenwelle. Natürlich wusste ich, wo die Rückzugsgebiete der Sauen lagen, bei welchem Wind sie wie, meist hangparallel, vom Wald in die Feldflur einrückten. Im März kreuzte ich erstmals seine fast handtellergroße Fährte im mit Streuobstwiesen und Büschen aufgelockerten Steilhang, zwischen zwei bewaldeten Kuppen. Ich setzte mich auf die kalte Erde und versuchte mich in den Bassen zu versetzen; ja, Sie lesen richtig, ich versuchte mit dem Keiler mitzudenken. Wahrscheinlich ging es den Steinzeitjägern ganz genau so. Warum zog er gerade hier? Wohin wollte er? Seine Trittsiegel verrieten, dass er langsam, fast bedächtig lief. Kein Grasbüschel wurde von ihm gedreht. Die Fährte stand von West nach Ost. Langsam folgte ich ihr bis zur Reviergrenze. Entlang der Reviergrenze hielt ich die vermutete „Verlaufsrichtung" ein und war nicht sonderlich erstaunt, als die Fährte vom Nachbarrevier wieder in unser Revier einzog. Zwei Hochsitze wurden von dem Keiler weit umschlagen, eine Kirrung gemieden. Noch etwa einen Kilometer folgte ich der Fährte; dann brach ich ab. Auf einer Karte markierte ich mir die „Wanderungen" des Keilers. Den Sommer über kontrollierte ich immer wieder bestimmte Wechsel, hatte auch an einigen Stellen mit dem Rechen den Boden verwundet, nur um Fährtenbilder „meines" Keilers sammeln zu können. Bis in den Spätherbst hatte ich mir ein Bild von seinem Aktionsraum gemacht. Im Gegensatz zu den jugendlichen Rotten vermied er alle Kirrungen, alle Sitzeinrichtungen, querte jedoch scheinbar unbekümmert viel begangene Wanderwege. Menschenduft und Hundewitterung schienen für ihn an diesen Stellen überhaupt kein Problem zu sein. Nur an den stilleren Revierteilen schien ihm jede menschliche Witterung höchst verdächtig; seine Fährte stoppte, drehte ab, und er verabschiedete sich. Je länger ich das Fährtenbild studierte, umso mehr imponierte er mir. Als mir auch Hundespaziergänger berichteten, dass sie „einem gewaltigen Schwein" am helllichten Tag auf freier Fläche begegnet waren, wurde mir klar, dass nur wirkliches „Weidmannsheil" helfen konnte. Dann kam der Dezember, und ich fährtete den Keiler mehrmals in der Nähe einer gemischten Rotte, die jedoch nur randlich in unser Revier vom Staatsforst her einwechselte. Dann entdeckte ich sein Fährtenbild in einem verwilderten Waldstück (auf „Bregem"), das wir bewusst zur Ruhezone „erklärt" hatten. Zusammen mit drei oder vier schwächeren Sauen schien er sich hier regelmäßig zwischen Mitte Dezember bis Weihnachten aufzuhalten. Am äußersten Rand der Dickung hatten wir eine Kirrung eingerichtet mit zwei Hochsitzen, die je nach herrschender Windrichtung bezogen werden konnten. Eine leichte Schneedecke machte die Nacht am zweiten Weihnachtstag besonders gut „sichtig". Gegen 20 Uhr saß ich auf einer der beiden Kanzeln an der Kirrung, als ich von links anrückendes Schwarzwild vernahm. Vermutlich hatte es sich über Tag in einer Douglasien-Dickung eingeschoben, die vor 20 Jahren von meinem Vorgänger gepflanzt worden war und unter meinem Schutz nun mit dichten Brombeergebüschen umwachsen war. Etwa eine halbe Stunde später rückten deutlich sichtbar zwischen den wildverwachsenen Haselnuss-Büschen drei mittelgroße Sauen an. Ihr Ziel war eindeutig die Kirrung. Ich beobachtete sie, wie sie vorsichtig die Luft prüften, dann rannten sie auf die Kirrung und begannen die dicken Holzbalken zur Seite zu räumen. Ihr Schmatzen klang bis zum Hochsitz, und ich beobachtete das Treiben. Mir stockte der Atem, als ich plötzlich auf dem Wechsel der drei Sauen einen großen schwarzen Körper anrücken sah; der Keiler, mein Keiler? Er musste es sein, und ich machte mich zum Schuss fertig. Den Loden hatte ich über den Verschluss der Waffe gelegt, um den Stecher lautlos betätigen zu können. Der Keiler rückte näher und musste bald die schützende Haselnusskette hinter sich lassen. Noch 10 Meter, noch 8, noch 5, noch 3 … gleich wird er mein sein. Der Keiler stoppte und … zog sich langsam zurück. Er konnte keinen Wind bekommen haben; und dennoch ahnte er, dass die offene Fläche, trotz der drei verlockenden Bachen, nichts Gutes bedeuten konnte. Ich hörte ihn im Bestand brechen und hatte nun auch kein jagdliches Interesse mehr an den Sauen an der Kirrung. Nach etwa 20 Minuten zogen auch sie ab in Richtung Keiler. Kurz darauf hörte ich leichtes Gequietsche aus Richtung Douglasien-Dickung. Es hielt mich nichts mehr auf der Kanzel. Mit gutem Nordwest-Wind drang ich in die Wildnis ein, mehr beobachtend als pirschend. Immer wieder vernahm ich das Gequietsche und Klagen einzelner Sauen. Am Rande eines Robinienschlages machte ich halt, denn bei einem weiteren Vordringen in den Bestand hätte ich nicht nur alle Sinne der Sauen, sondern auch viele umgestürzte Bäume und die Landschaft gegen mich gehabt. Kräftige Herbststürme hatten selbst einzelne Eichen auf dem vernässten Pseudogley-Boden bezwungen, natürlich besonders viele Robinien. Die Douglasien hatten den Stürmen widerstanden. In den Robinienbestand kam Bewegung vor mir. Zwei Sauen steuerten in meine Richtung, zogen vielleicht 10 Meter an mir vorbei, möglicherweise zurück zur Kirrung. Ich kniete mich, um besseres Sicht- und auch Schussfeld unter den Haselsträuchern zu bekommen. Dann kam von rechts die dritte Sau, dicht gefolgt, fast bedrängt, von dem Keiler. Das Zielfernrohr stand auf kleinster Vergrößerung, und ich verfolgte das Geschehen nur noch durch das Glas. Die vordere Sau wurde immer größer und dahinter der Keiler … Der Schuss brach, kein Kugelschlag, nur rasante Flucht in Richtung einer nördlich gelegenen Abbruchkante. Durchatmen und das Geschehen überdenken. Dann näherte ich mich dem nur fünf Meter entfernten Anschuss, den mir tiefe Eingriffe im Erdreich verrieten. Kein Schweiß. Ich marschierte zum Auto und kam nach einer halben Stunde mit Odins Vorgänger, dem Ossi Artus, dem ich den Vermittlungen des unvergessenen ersten Nachwende-Präsidenten der Thüringer Jäger, Dr. Nentwich, verdankte, wieder zum Ort des Geschehens zurück. Der Rüde zog sofort in Richtung Steilhang, verwies nach 20 Metern Schweiß, Lungenschweiß; der Schweiß nahm zu; der Keiler musste liegen. Ich schnallte den schwarzwilderfahrenen Hund. Nach 100 Metern Standlaut im Buchenhochwald am Nordhang von Bregem. Ich lief auf den Standlaut zu und dachte den Rüden an dem zwischenzeitlich toten Keiler anzutreffen. Das Bild, was sich mir einprägte, als ich über die Hangkante blicke, ließ meinen Atem stocken. Der Keiler stand schwer krank an einer Buche, brach auf den Hinterläufen ein, versuchte mit schaurigem Zähneklappern hochzukommen, wurde vom umkreisenden Rüden gehindert. Er hielt ihn am Bürzel. Ich musste näher kommen, was auch gelang. Der Keiler hatte nicht mehr die Kraft zu drehen. Ein Schuss auf seinen massigen Schädel erlöste ihn und mich und den Hund. Die erste Kugel saß tiefblatt. An ein Hochziehen des sechsjährigen, über zwei Zentner schweren Keilers war nicht zu denken; also ging es mit allen guten Kräften der Schwerkraft mit dem Keiler hangabwärts hinunter ins Tal, dann wieder den Berg hoch, zurück zum Auto. Ein Anruf bei meinem Freund und „Oberjäger" Alfons, der mich am heiligen zweiten Weihnachtstag nicht im Revier vermutete, informierte ihn über das Geschehen. Aus langjähriger Erfahrung wusste er, was es bedeutete, wenn ich sagte, ich hätte ein „Schweinchen geschossen und benötigte seine Hilfe“. Mit seinem Jagdwagen, Stricken und einer Seilwinde rückte er an; der Rest war Routine.

Ein alter Keiler begeistert uns Jäger, selbst in der Rauschzeit. Besser schmecken allerdings seine Ururururenkel.

Mit Nachtsichtgeräten sind wir gut, mit Nachtzielgeräten wären wir viel effektiver.

Mondlicht lag über den Hügeln, vergrößerte alles durch Schattenwurf, verwandelte Maulwurfshügel in Berge, türmte die alten Stocherstellen des Schwarzwildes zu Kratern, machte aus dem einzelnen Mümmelmann ein Sieben-Schwaben-Untier. Die Kirchturmglocke schlug Mitternacht, und auf der sanft geschwungenen, vom Wald umschlossenen Wiese äste bei schwachem Ostwind vertraut Rehwild. Das frische Frühlingsgrün lockte, und im Nachtsichtgerät konnte jedes Stück genau angesprochen werden; die mittelalte Geiß mit ihren beiden kraftstrotzenden „Fast-Jährlingen", die spielerisch „Einstandsgehabe" zeigten; die Uralt-Geiß, die den Herbst und Winter im nahegelegenen Staatsforst überlebte; der bereits blanke Bock, der mit einer Geiß gemeinsam äste. Aber keine Sau löste sich aus dem Waldsaumschatten oder versuchte die Wiese zu queren. „Überläuferrotten", deren Leitbachen irgendwo „abhanden" gekommen waren, und die deshalb jetzt aus vandalierenden Frischlingen und „Beibachen" (neuwaidmännisch definierte, auch postmortal nie als Fehlabschuss geltende Bache) bestanden, hatten im feuchtnassen Winter für gewaltige Wiesenschäden gesorgt. Drei vorangegangene Eichenmastjahre hatten dem Schwarzwild glückliche Tage im Wald beschert; Engerling-Explosionen in den Gras-Silage-Wiesen, Tipuliden-Larven in den güllestrotzenden, subventionierten „Kulturlandschaftsflächen" hatten unsere Landschaft in eine einzige große Kirrfläche verwandelt, über die sich offensichtlich keine Naturschützer und keine „Kirrverordnungs-Spezialisten" mehr aufregten. Die Streckenergebnisse von Gesellschafts- und Einzeljagden hatten längst nicht die Zuwachsraten des Schwarzwildes stoppen können, auch nicht die Rostock-Viren. In Schweinepestgebieten müssen bekanntlich zur Reduktion der Hauptvirenausscheider und zur Absenkung der Populationsdichte auch gestreifte Frischlinge vorrangig geschossen werden. Natürlich widerspricht das zutiefst unserer „moralischen" Einstellung zum „ritterlichen Wild" (MENZEL 2003). Wenn wir aber nicht verstärkt den ganzjährigen Frischlingsabschuss praktizieren, sind letztlich auch wir verantwortlich für deren elendes Siechtum in den Dickungen und für die Persistenz der KSP in unseren Revieren. Jagd hat sich nicht nur in Friedenszeiten zu bewähren. Jäger müssen auch zu verlässlichen Partnern in Problemgebieten werden und dort beweisen, dass sie ein effizientes und dennoch tierschutzgerechtes Wildlifemanagement beherrschen.

Ich baumte ab; meine liebste Jagdzeit auf das Schwarzwild war gekommen, die Stunde des Nachtjägers, wie er von einem Berufsjäger (SCHMITT 2002) einfühlsam beschrieben wurde. Der Wind wehte über die offenen Flächen weiter aus Ost, küselte im Hangbereich am Waldrand, wurde unberechenbar im Waldesinnern, wirbelte und tobte an einer Hangkante im trockenen Laub. Diese Hangkante musste ich queren, um den Wind wieder von vorne, direkt in den Augen, zu spüren. Der Waldboden war vom Schwarzwild zerwühlt. Die Eichenmast hatte sie an den Wald gebunden, leider nicht für 24 Stunden. Kaum berechenbar steckten sie hier oder da ihre Rüssel in die Wiesen und besorgten sich so die notwendigen Futteradditive, Regenwürmer, Engerlinge und Tipuliden. Über die von den Jägern ausgebrachten Maiskirrungen wurde unter den Schwarzkitteln offensichtlich nur gelacht. Magenanalysen geschossener Sauen zeigten in den Frühjahrsmonaten immer das gleiche Bild: 96 % Eicheln, Bucheckern und Pilze und darauf eine kleine Portion Engerlinge, Tipuliden und Regenwürmer, genau jene Portion, die sie beim kurzen Auswechseln auf die offenen Flächen sich einverleiben konnten, bevor sie von der Kugel erreicht wurden.

150 Meter vor mir stand die Rotte im Gebräch. Deutlich zeichnete sich im Nachtsichtgerät nicht nur die dicke Bache ab, die rechts im feuchten Hangknick wühlte und die ich auch ohne Nachtoptik im lichten Hochwald hervorragend ausmachen konnte, sondern auch ihre etwa 25 bis 30 Kilogramm schweren fünf Frischlinge. Ich kannte sie. Der Wind war auf meiner Seite und ich pirschte, den Mondschatten einzelner Bäume nutzend, näher. Ich musste die erfahrene Bache im Auge behalten, die unerfahrenen Frischlinge stellten kein Problem dar. Immer wieder beobachtete ich, langsam näherpirschend, durch das linke Auge mit dem Nachtsichtgerät und machte Zielübungen mit dem rechten Auge durch das Zielfernrohr. Der Wind rauschte im Falllaub, als die Kugel einen der vielleicht 80 Meter entfernt brechenden Frischlinge erreichte; er kippte, schlug mit den Läufen, die Rotte brach weiter. Seit Monaten war auf einem nahegelegenen Golfplatz zur Sauenabwehr ein „Schießgerät" installiert worden, das in regelmäßigen Abständen drei „Pseudo-Gewehrschüsse" erschallen ließ; die Sauen hatten sich daran gewöhnt. Die zweite Kugel streckte Frischling Nr. 2, der sie diesmal

laut quietschend quittierte. Die Bühne war leer, und ich hatte zwei Frischlinge. Langsam wanderte ich zum Auto und holte Odin, der nach Rauhaarart die beiden Frischlinge zunächst beutelte. Zurück zur Jagdhütte und aufbrechen. Die Nacht war aber noch nicht gelaufen, und Erfolg macht bekanntlich nicht müde.

Drei Dinge sind für den Nachtjäger unverzichtbar: ein lichtstarkes Glas, ein gutes Nachtsichtgerät und ein lichtstarkes Zielfernrohr mit Leuchtpunkt; die Effektivität wird verbessert durch einen schwarzwilderfahrenen Jagdhund.

Mich zog es in die hohen Eichen auf einer anderen Bergkuppe. Auch hier hatte in umgebenden Grünlandflächen das Schwarzwild gebrochen und entsprechenden „Ärger" verursacht.

Ein passender Pirschweg fehlte, aber bei dem kräftigen Wind wagte ich es, von Westen her in den heiligen Hain einzudringen. Im Nachtsichtgerät erkannte ich Rehe, die naturgemäß bald den Eindringling erahnten und laut schreckend ihren Unwillen kundtaten. „Dumm gelaufen", dachte ich und fluchte über die fehlenden Pirschwege. Aber ich musste den Bestand jetzt queren, um über einen Hohlweg zurück zum Auto zu kommen. Weiter ging es, 100 Meter, 200 Meter. Langsam, mehr stehend als gehend kam ich voran, immer wieder mit dem linken Auge der Blick durch das Nachtsichtgerät, das auch das Innere des Waldes zu einer hell erleuchteten Bühne machte. Hinter einem dicken Eichenstamm tauchte wieder die „Rückseite" eines Rehes auf, aber das Reh hatte einen „Wedel". Was für eine Fehldiagnose, durchzuckte es mich, als mir klar wurde, dass hinter der Eiche der Pürzel einer Sau im Rhythmus des Brechens wedelte. Als sie etwas vorzog, zeichnete sich sogar der Pinsel des nun klar ansprechbaren Überläuferkeilerchens im Nachtsichtgerät ab. Ja, wenn ich Besitzer eines 10000 Hektar großen Waldrevieres wäre, würde ich ihm weiteres Wohlergehen wünschen und hoffen, dass ich ihn irgendwann einmal als „hauendes Schwein" wieder treffen könnte. Aber die Wildschäden und die Bauern … Völlig vertraut zog er zwischen den Eichen, und auch er hörte den Schuss nicht. Zurück zum Auto, Hund holen, Keilerchen bergen und versorgen. Es war 2.30 Uhr, es war immer noch mondhell, und ich war hellwach. Noch drei wildschadensgefährdete Standorte gab es. Am ersten ästen vertraut Rehe, drei lagerten auf der Hangkante einer Wiese. Beim zweiten war eine Hasenhochzeit im Gange. Am dritten, einem weit eingeschnittenen Tal mit Streuobstwiesen, von Rindern malträtiertem Bachlauf, isolierten Schwarzdornbüschen und einem Milchviehbetrieb mit fast immer grantigem Bauern tat sich auch nichts. Im Vorjahr hatte ich hier einen starken, allerdings nur dreijährigen Keiler geschossen, der auf offener Wiese in den platt am Boden liegenden Professor fast hineinlief. Solche Erlebnisse verbinden den Jäger mit dem Standort und erwecken den Wunsch nach Wiederholungserlebnissen und -taten. Die westliche Hangseite lag jetzt im Mondschein. Aber es war alles ruhig. Doch plötzlich kam Bewegung in den Hang. Über die Hangkuppe wechselten vier mittelschwere Sauen an, zogen in meine Richtung, mussten irgendwann in meinen Wind kommen. Auf etwa 70 Meter erhielt die letzte der vier gleich Großen die Kugel aufs Blatt, lag nach kurzer Todesflucht. Die anderen hielten weiter auf mich zu; eine zweite erhielt die Kugel, dann war die Bühne leer.

Es gibt Tage, da küsst Diana dich auf beide Wangen, und wenn es sein muss auch auf die Backen. Erfolg lässt Müdigkeit nicht aufkommen. Um 9 Uhr saß ich schon wieder im dunklen Anzug hellwach bei einem Besprechungstermin, und meine Gegenüber ahnten sicherlich nicht, dass ich erst wenige Stunden zuvor „Problemgebiete" etwas weniger problematisch gemacht hatte. Wir waren am Ende eines Jagdjahres in einem 700 Hektar großen Wald-Feld-Revier mit langer Grenze zum Staatsforst, wo ich mit gleicher Pirsch-Ansitz-Methode insgesamt 99 Sauen erlegen konnte, darunter 82 unter 30 Kilogramm.

Trotz meiner Liebe zur Pirschjagd bin ich weit davon entfernt, sie überall und für Jedermann zu propagieren. Jedes Revier besitzt seine Eigenheiten. Für viele Reviere sind Drückjagden mit versierten Schützen unverzichtbar, um den jährlichen Zuwachs abzuschöpfen. Das gilt insbesondere für zusammenhängende Waldgebiete ohne Schwarzwildschäden. Sofern diese Jagden gut organisiert sind und die beteiligten Jäger ihr Handwerk verstehen, gibt es nichts gegen sie einzuwenden. Allein im Dezember des Jahres 2007 hatte ich das Vergnügen, an zwei perfekt organisierten Drückjagden im Staatsforst von Rheinland-Pfalz bei Trier und in einem herrlichen privaten Rotwildrevier im Rothaargebirge eingeladen zu sein. Dank der Großzügigkeit meiner Gastgeber und der zugewiesenen Schützenstände konnte ich fünf bzw. sechs Frischlinge erlegen. Als „Jagdkönig" durfte ich dann zwar auch noch am Abend eine illustre Gesellschaft unterhalten, aber das gehört zur „lebendigen Jagdkultur". In meinem eigenen Revier hätte ich vermutlich schon einige Monate früher die Frischlinge geschossen.

Niemand sollte sich anmaßen, aus seiner eigenen, persönlichen Reviersicht heraus Empfehlungen für ganz Deutschland zu geben, erst recht nicht viele Förster, die Wildschäden offensichtlich nur vom herbivoren Schalenwild her kennen und akzeptieren. Der Einzelansitz an der Saukirrung ist für die Mehrzahl der kleinen Reviere in Deutschland unverzichtbar. Hier werden auch bis heute die meisten Sauen erlegt, und da man sie auch oft ruhig ansprechen kann, vermutlich auch die meisten „korrekten Schwarzkittel".

Neben der Ansitzjagd ist die Pirsch in der Nacht im gut bekannten Revier für mich auf jeden Fall das Mittel der Wahl. Natürlich kommt es dabei auch sehr darauf an, welche anderen Wildarten im Revier zuhause sind, ob in einem Revier mit oder ohne Rotwild gejagt wird. Die Pirsch muss störungsarm sein, und das erfordert neben exzellenten Revierkenntnissen auch wirkliche Kenntnis und Gespür für die Biologie des Schwarzwildes. Wer den Frischlingsabschuss dabei zielgerichtet auch quantitativ erfüllen will, ist zwingend auf Nachtzielgeräte angewiesen, die bei uns bekanntlich verboten sind, oder auf „legale Lichthilfen aus der Zivilisation". Natürlich kann man auch ohne Nachtzielgeräte diese Form der Jagd ausüben, kann über ein erlaubtes Nachtsichtgerät oder ein exzellentes Nachtglas sich zunächst Aufschluss verschaffen über den Standort auswechselnder Rotten und ihre Zusammensetzung, um dann, wenn man

Sicherlich wäre es ein Fortschritt, wenn wir unsere Treffsicherheit nicht nur am „laufenden Keiler" üben würden, sondern am „schnellen Frischling". Wir müssten nur die offiziellen Scheiben ändern. Sicherlich wäre es auch ein Fortschritt, wenn wir auf Gemeinschaftsjagden nur noch den oder die zum „Jagdkönig" oder zur „Jagdkönigin"küren würden, der/die die meisten Frischlinge erlegte. Sie schmecken auch deutlich besser als die alten Bachen oder Keiler, sowohl in Australien (oben rechts; erlegt mit .222) als auch in heimischen Revieren.

nahe genug herangekommen ist, vielleicht einen Frischling, eine schwache Bache oder einen Überläuferkeiler, der meistens am wenigsten am Wildschadensgeschehen beteiligt ist, wenn es das Zielfernrohr noch hergibt, zu erlegen. Der Hinweis, dass eine Erlaubnis von Nachtzielgeräten es ermöglichen würde, illegal auch Rotwild zu erlegen, zeugt von der absoluten Unkenntnis derjenigen Jäger, die dieses Argument vortragen. Bei fast allen meinen nächtlichen Pirschen hätte ich ohne Nachtsichtgerät auch vereinzelt durchziehende Rot- oder Damhirsche und natürlich auch die dickeren Sauen erlegen können. Auch ohne Nachtzielgeräte kann ich bei der Nachtjagd, wie bei jeder Jagd, gegen die Regeln deutscher Weidgerechtigkeit verstoßen. Wer aber „A“ sagt zur Nachtjagd, der muss auch „B“ sagen zu ihrer tierschutzgerechten Effizienz und wildbiologischen Korrektheit. Es geht bekanntlich um die Frischlinge, die wir doch angeblich alle erlegen wollen, die man aber selbst bei gutem Mondschein im Sommer genauso wenig oder so schlecht sehen und damit erlegen kann wie Meister Reineke.

5. Naturfaktorenwandel, Wildschweine und ökosystemgerechte Jagd.

Der Wind des Wandels weht um die Welt, aber Veränderungen in der Natur, verbunden oftmals mit drastischen Populationsschwankungen der Organismen, sind Normalfälle. Wir neigen dazu sie zu übersehen, ihre Trends erst relativ spät zu erkennen, weil wir häufig nur im Augenblick leben und es verlernten, in den sehr viel größeren Skalen von Raum und Zeit zu arbeiten.

Das gilt auch für die Schwarzwildpopulationen, deren Evolution eng verzahnt mit jener von Homo sapiens und seinen Vorläufern verlief, die unsere Altvorderen intensiv bejagten, zu Gottheiten erklärten (vgl. die Ebergottheit der Kelten von Euffigneix in Frankreich), manchmal gnadenlos verfolgten und religiös verdammten, domestizierten (bereits 8000 v. Chr.) und zu einem „Massenprodukt“ machten, das heute zu einem Preis hergestellt wird, das eine Haltung unter artgerechten Bedingungen illusionistisch macht. Arme Schweine.

Daran trägt eine Gesellschaft Schuld, die jährlich Milliarden ausgibt für Schönheitsoperationen, Superstarsuchen, Ayurveda-Massagen, Yoga-Tripps und fantasievolle Tai-Chi-Entrückungen, das Elend von Schweinen und anderen Tieren in Massenhaltungen, Transporten quer durch Europa und auf Schlachthöfen aber verdrängt.

Schweine spielen in unserer Geschichte, in allen Weltreligionen und Kulturen eine höchst unterschiedliche Rolle; und unsere Einstellung zu dem „ritterlichen Wild“ änderte sich seit den Kelten und Germanen bis in die Gegenwart oftmals. Seit dem Mittelalter lösten steigende Wildschweinpopulationen fast immer Flächennutzungskonflikte aus, in deren Zentrum Bauern, Bürger, Hochadel und natürlich die Jäger standen. Auch heute müssen die Schweine den Kopf hinhalten für Fehlentwicklungen und menschliche Schwächen.

Bereits ein Blick auf das gesamte Verbreitungsgebiet des Wildschweines zeigt, dass wir es mit einem Anpassungskünstler zu tun haben, dessen Populationen nicht nur in allen deutschen Bundesländern, sondern fast gleichzeitig in ganz Europa, Ostasien und selbst in Nordamerika, wo die Art eingebürgert wurde, seit den 80er Jahren ansteigen. Wie wir ausführten, ist das keineswegs nur auf lokale Phänomene zurückzuführen, sondern hängt ursächlich mit überregionalen Faktoren zusammen.

Begünstigt durch mildere Winter, ganzjährig verfügbare, nach dem 2. Weltkrieg deutlich angestiegene Nahrungsressourcen in der Feldflur und dem Wald, und insbesondere aber die Häufung von Mastjahren (deren jahrhundertelange auch wirtschaftliche Bedeutung für die „Schweinemast" heute in Vergessenheit geraten ist), geht es dem Schwarzwild und der gesamten Waldbiozönose richtig gut (MÜLLER 2009). Insbesondere beim Schwarzwild führt das zu schnellerer Gewichtszunahme und verbesserter Konditionierung, sinkender Wintermortalität der Frischlinge und deutlich erhöhten Reproduktionsleistungen. Untersuchungen an erlegten Frischlingsbachen (n = 834) zeigten, dass diese bereits bei Gewichten um 20 Kilogramm beschlagen werden und selbst wieder über vier Frischlinge werfen können. In milden Wintern besitzen diese trotz ihrer relativ unerfahrenen „Mütter" eine gute Überlebenschance.

Natürlich hat sich auch unsere Einstellung zum Schwarzwild in den letzten Jahrzehnten grundlegend geändert. Die zurückhaltende Bejagung der „Zuwachsträger" und insbesondere die aus unterschiedlichen Gründen meist nicht konsequente Abschöpfung des jährlichen Zuwachses (mangelhafte Frischlingsbejagung) sind hier vorrangig zu nennen.

Wildschweine sind in Sozialverbänden lebende Tiere, was naturgemäß auch die Frischlingsmortalität reduziert. Die Rotte bildet ein Schutzschild, das der einzelne Frischling nicht besitzt. Allerdings bringt das Zusammenleben in der Rotte nicht nur Vorteile. Die Ausbreitung von Krankheiten kann schneller verlaufen; sofern Genaustausch zwischen verschiedenen Familienverbänden reduziert ist, können naturgemäß auch genetische „Flaschenhälse" und Inzuchtseffekte entstehen, die von Schwarzwildpopulationen aus Gatterhaltungen hinlänglich bekannt sind. Unter Freilandbedingungen wird jedoch eine viel stärkere genetische Durchmischung (als früher angenommen) nicht nur durch die meist erst während der Rauschzeit zu den Weibchen-Rotten stoßenden Keiler garantiert, sondern auch durch Adoption kleinerer Rotten oder einzelner Bachen in andere Familienverbände.

Das ist naturgemäß dort häufig zu beobachten und auch molekulargenetisch nachweisbar, wo unter Jagddruck größere Rotten zerschlagen wurden. Diese Durchmischung führt aber letztlich zu einer z.T. erstaunlich hohen genetischen Diversität in vielen Rotten, die z.T. bis in die Gegenwart nur als „eng verwandte Familienverbände" definiert wurden. Damit ist bei dieser Schalenwildart (die bekanntlich ein fast an Nagetiere erinnerndes Reproduktionsverhalten zeigt, das primär nur durch das Nahrungsangebot limitiert wird) natürlich auch die rasche Entwicklung von Resistenzen möglich. Bestimmte KSP-Virusstämme führen zwischenzeitlich bei gut konditionierten Wildschweinen keineswegs zum Tode; sie können in Wildschweinpopulationen persistieren. Da die Hauptvirusausscheider die Frischlinge sind, ist deren vorrangige Bejagung nicht nur zur Abbremsung der Zuwachsraten, sondern auch zur vorsorglichen Bekämpfung der Schweinepest zwingend geboten.

Unser Schwarzwild lebte schon vor dem modernen Menschen in jeder wärmeren Zwischeneiszeitperiode in Deutschland, wurde bereits von Homo erectus und dem Neandertaler gejagt. Überlebt hat es Kriege und Vernichtungsfeldzüge, „Massenexekutionen" und die nicht nur für Schweine besonders schwierigen Zeiten nach der Revolution von 1848. Das war nur möglich, weil es ein intelligenter Anpassungskünstler ist, ausgestattet mit einem exzellenten Geruchsvermögen, aber auch einem guten Raum-Zeit-Gedächtnis. Das führt dazu, dass ältere Bachen und Keiler selbst unterschiedliche Jagdmethoden offensichtlich richtig einschätzen können, manche Jagdsignale verstehen und auch nicht bereit sind, sich aus einem sicheren Dornenverhau von jedem Hund herausdrücken zu lassen.

In Mastfolgejahren, wenn die Ernährungsgrundlage im Wald drastisch sinkt, verstärken sich heute die Urbanisierungstendenzen des Schwarzwildes. Natürlich lernt es schnell, wo die Jagd ruht, und da viele Menschen eine Rotte mit Frischlingen durchaus als liebenswert empfinden, solange sie nicht ihren Garten umwühlt, das Wohnzimmer auf den Kopf stellt oder auf der Autobahn zu einer Katastrophe führt, solange werden Wildschweine immer „Freunde" haben, die sie illegal füttern und sich der Konsequenzen ihres Tuns nicht bewusst sind.

Wesentlich ist jedoch, dass bedingt durch ganzjährig verfügbare seit 1960 deutlich gestiegene Ernährungsgrundlagen in der Feldflur und im Wald die Wildschweinpopulationen besser konditioniert sind als zu den Zeiten unserer Großväter, dass Mast-Pulse jagdliche Eingriffe kompensieren und die Jäger hinter den Jagdstrecken „hinterherschießen“. In Mastjahren mit schlechter Nachtsicht und milden, verregneten Wintern sinkt fast immer die Jagdstrecke. In Mastfolgejahren und strengen Wintern mit geschlossener Schneedecke steigt sie wieder deutlich an. Dieser „Zickzackverlauf“ der ansteigenden Strecken zeigt, dass trotz hoher Jagdmotivation der Jäger keineswegs zu wenig Sauen geschossen werden, aber offensichtlich die falschen. Es kommt nicht darauf an, wie viele Sauen geschossen werden, sondern darauf, wie viele und welche überleben. Dort wo die Zusammensetzung der Strecken, gegliedert nach Alter, Gewicht und Geschlecht, bekannt ist, zeigt sich fast immer, dass nicht nur zu wenig Frischlinge geschossen werden, sondern auch zu wenig weibliche Zuwachsträger. Es sind nicht die meist überzogenen „Reduktionsvorschläge“ von Verbänden, die wie die deutschen Schweinezüchter selbst im Glashaus sitzen, die auch durch ihr Verhalten oder ihre Produktionssysteme die Wildschweine mitkonditionieren, oder die unterschiedlichen Gruppen von Gutmenschen und Jagdgegnern, die die Jagd ganz, insbesondere aber auch die auf Wildschweine verbieten möchten; es ist auch die unterschiedliche Betroffenheit von Feld- und Waldjägern, die einer Regulation der Schwarzwildbestände derzeit noch im Wege steht.

Das Reproduktionszentrum des Schwarzwildes liegt bei uns im Wald, wo es meist keine größeren Schäden verursacht. Deshalb neigen die Waldjäger dazu, das Schwarzwild während der Vegetationszeit im Wald in Ruhe zu lassen. Strecke wird meist erst auf den herbstlichen Bewegungsjagden gemacht. Die Feldjäger sind dagegen gezwungen, fast ganzjährig eine „Abwehrjagd“ zu praktizieren, um den in einigen Gebieten die Jagdpachtpreise deutlich übersteigenden Schwarzwildschaden zu minimieren oder in Grenzen zu halten. Es gelingt ihnen immer weniger, weshalb viele aus ihren Jagdpachten aussteigen. Die Jagden sind nicht mehr verpachtbar. Durch „funktionierende“ Hegeringe (vgl. PÖSL 2009) kann hier etwas geändert werden. Letztlich hilfreich ist jedoch nur die anteilsmäßige Übernahme der Wildschadenskosten durch die Wald- und Feldjäger und eine Flexibilisierung der Jagdmethoden. Dabei muss allen Beteiligten auch bewusst sein, dass eine wirkliche Populationskontrolle in der jetzigen Situation nur möglich ist, wenn wir vorurteilsfrei jede tierschutzakzeptable Jagdmethode revierbezogen und revierübergreifend einsetzen. Wer nur für revierübergreifende Bewegungsjagden plädiert, sollte erkennen, dass die Schwarzwildschäden in der Feldflur entstehen, meist nicht bei bestem Vollmond, sondern in der Dunkelheit der Nacht, bei Regenwetter und Nebellagen. Auch Einfälle von Rotten in Verdichtungsräume oder auf Friedhöfe, in Bodenbrüterschutz- und Naherholungsgebiete lassen sich mit Bewegungsjagden nicht verhindern. Bewegungsjagden dienen primär dazu, den Bestand abzusenken. Für die Reduktion von Feldschäden muss die Ansitzjagd effizienter durchgeführt und die Kirrjagd von überzogenen Verordnungen befreit werden. Wenn man weiß, dass in guten Mastjahren in vielen Buchen- und Eichenwäldern, deren Flächen in Zukunft nach dem politischen Willen ja noch zunehmen sollen, das natürliche Fraßangebot, selbst den „viel zitierten eine Tonne Maisberg" pro 100 Hektar um ein Vielfaches in den Schatten stellt, wer weiß, dass keine Kirrung so attraktiv ist wie Hafer-, Weizen- oder Maisfelder in der Milchreife, der weiß, dass oftmals zwar medienwirksame, aber letztlich nur überflüssige Scheingefechte ausgetragen werden. Intelligentere und vor allem der jeweiligen Situation angemessene, ökosystemgerechte Jagdmethoden stehen uns heute zur Verfügung. Wir müssen sie nur konsequent einsetzen.

Das Schwarzwild hat profitiert von unserer gewandelten Einstellung, von den milden Wintern der vergangenen Jahrzehnte und insbesondere durch eine enorme Häufung von Mast-Pulsen in den Eichen- und Buchenwäldern sowie der Eutrophierung und damit verbundenen Nahrungsanreicherung in der Feldflur.

Viele Jäger haben die vom Wandel ökosystemarer Faktoren getriebene Entwicklung, wie viele andere Menschen, nicht rechtzeitig erkannt, und vor allem daraus nicht frühzeitig die richtigen jagdlichen Konsequenzen gezogen. Jetzt hecheln sie hinter ihren Strecken her, deren Anstiege sie bisher nicht unterbrechen konnten.

Streckenanalysen belegen, dass die von der Jägerschaft getätigten Abschüsse meist schon im folgenden Mastjahr mehr als kompensiert werden. Die Schwarzwildpopulationen sind an keiner Stelle in ihrem mitteleuropäischen Areal durch ihre Dichte oder durch Prädatoren begrenzt, sondern ausschließlich durch die Schwankungen des Nahrungsangebotes, insbesondere in den sommergrünen Wäldern oder in Landschaften mit eng verzahnten Wald-Feld-Gemengelagen.

Eine Überprüfung der Mast-Zyklen bestätigt, dass hohe Schwarzwildstrecken in der Mehrzahl der Fälle direkt gebunden sind an Mastfolgejahre mit hellen Mondscheinnächten und strengen Wintern. Jeder Mastimpuls sichert nicht nur ein schnelleres Wachstum und eine vorgezogene „Frühreife" der Frischlinge, sondern erhöht insgesamt die Reproduktionsraten der Rotten, bei gleichzeitiger Senkung winterlicher Mortalität insbesondere bei den Frischlingen. Ausreichende Mast im Wald senkt auch fast immer die durch Nahrungssuche mitbedingte Wanderungsdynamik der Schwarzkittel und den Erfolg der Kirrjagd.

Revierbezogene Streckenanalysen und Detailuntersuchungen in KSP-Kontrollgebieten zeigen, dass der Anteil an Bachen an der Gesamtstrecke viel zu gering ist, um einen weiteren Populationsanstieg zu verhindern. Da der Bezug zwischen Strecken, Mastjahren und Bejagungsmöglichkeiten meist nicht hergestellt wird, da es sich bekanntlich auch um einzelne Jahresjagdzeiten übergreifende Phänomene handelt, stützen zurückgehende Strecken in Mastjahren die meist falsche „Auffassung", dass jagdliche Eingriffe bereits Erfolge zeitigten. Diese Auffassung hat sich fast überall als falsch erwiesen. Die Reproduktionskapazität der in den Waldbeständen jährlich überlebenden weiblichen Zuwachsträger wurde in den meisten Fällen völlig unterschätzt.

Da derzeit keine zuverlässigen Daten über reale Populationsdichten für das Schwarzwild aus den meisten Gebieten vorliegen, Bonitierungen für Schwarzwildreviere, wie sie in der ehemaligen Deutschen Demokratischen Republik noch verpflichtend waren, von „Besserwessis" leider bis heute nicht übernommen wurden, sollten wir Jäger zumindest darauf drängen, dass die jeweils erzielten Schwarzwildstrecken auf die Waldfläche einzelner Naturräume und Landeskreise bezogen werden, im Idealfall auf die Laubwaldfläche, auf die Bestandesflächen der über 80 Jahre alten fruktifizierenden Eichen, Buchen und Kastanien. Zwar erfordert das ein Umdenken, da bekanntlich weder Hegeringe noch der Zuschnitt von Verwaltungsbezirken „Naturräumlichen Einheiten" folgen oder gar mit diesen deckungsgleich sind. Nur dadurch ist es jedoch möglich, die dynamischen Zusammenhänge zwischen Reproduktionskapazität, Lebensraumqualität und der Bedeutung einer „bestimmten Strecke" überhaupt sachdienlich zu erkennen, und auch die jagdpraktische Bedeutung von Mast-Jahren, Mast-Nachfolgejahren und den erzielten Strecken transparenter und nachvollziehbarer zu gestalten.

Natürlich muss auch darauf gedrängt werden, dass in Zukunft keine nichtssagenden Gesamtstrecken mehr veröffentlicht werden, die nur schrägen Argumentationskünstlern dienen, sondern nur solche, die nach Alter, Geschlecht und Gewichten klar aufschlüsselbar sind. Auch Frischlinge besitzen bereits ein Geschlecht.

Nach jedem Mastjahr müssen, unabhängig von der erzielten Strecke, verstärkt Vorbereitungen getroffen werden, um die zu erwartenden Populationsanstiege im Nachfolgejahr durch ein Bündel effizienter Jagdmethoden zu verhindern und die Populationen weiter abzusenken. Dazu gehört auch eine verstärkte, aber selektive Bejagung nicht führender Zuwachsträger in den Monaten Januar und Februar.

Im Gegensatz zu vielen Bauern und Schweinezüchtern, aber auch den Jagdgegnern verfügen die Jäger über die einzigen „Pillen“, die geeignet sind, sowohl unter Tierschutz-Aspekten als auch unter Berücksichtigung ökosystemarer Notwendigkeiten den weiteren Zuwachs der Schwarzwildpopulationen zu verhindern und Populationsstrukturen wieder herzustellen, die auch aus soziobiologischen Gründen geeignet sind, der seit zwei Jahrzehnten feststellbaren Verjüngung und Dynamisierung der Rotten entgegen zu wirken.

Dazu sind jedoch besondere Anstrengungen, auch Veränderungen bisheriger „traditioneller Verhaltensweisen“, notwendig. Viele Jäger bevorzugen naturgemäß die für ihr Revier angeblich „besten Jagdmethoden“. Dort wo diese Methoden jedoch auch aus Tradition nicht verändert wurden, kann zunehmend festgestellt werden, dass auch einzelne ältere Bachen und Keiler diese Methoden „erlernten“, schon längst kennen und sich darauf eingestellt haben. Das gilt für Ansitzjagden ebenso wie für Bewegungsjagden.

Deshalb sollten wir in jedem Jahr und jedem Revier, zeitlich durchaus alternierend, ein Bündel unterschiedlicher Jagdmethoden einsetzen. Keine Jagdart, soweit sie tierschutzgerecht durchgeführt werden kann und zielführend ist, darf dabei diskriminiert werden. Es gilt das Erreichte, nicht das Erzählte. Wesentlich ist, dass die einzelnen Jagdmethoden natürlich unterschiedliche Funktionen in unterschiedlichen Situationen besitzen.

Die Ansitzjagd sollte ganzjährig verstärkt, auch in an die Felder angrenzenden Wäldern, eingesetzt werden, um nichtführende Zuwachsträger und Frischlinge dem Bestand zu entnehmen. Der oft insbesondere von Waldjägern verbreitete Einwand, dass während der Vegetationsperiode im Wald möglichst wenig gejagt werden solle, „um die Sauen im Wald zu halten, damit sie nicht in der Feldflur zu Schaden gehen“, hat sich als Trugschluss erwiesen. Natürlich hat die Ansitzjagd Vorrang beim „Objektschutz“ (Hafer-, Weizen- und Maisfelder, Wiesen u.a.).

Eine ähnliche Bedeutung besitzt die Pirschjagd, die bei exzellenten Revier- und Wildkenntnissen revierbezogen, natürlich unter Berücksichtigung möglicher Störungen auf andere Wildarten, außerordentlich effizient sein kann. Insbesondere die selektive Bejagung der Frischlinge könnte jedoch wesentlich gesteigert werden, wenn zumindest in „Problemgebieten“ im Feld der Einsatz von Nachtzielgeräten ermöglicht würde. Die immer wieder vorgebrachten „Einwände“, „dass diese Bejagungsmöglichkeiten das Schwarzwild verstärkt ins Feld drängen“ würden, zeugen von fehlender praktischer Erfahrung. Nachtsichtzielgeräte verbessern die in vielen wildschadensgefährdeten Feldfluren auch bei schlechten Sichtverhältnissen notwendige Bejagung und „letale Vergrämung“ der Wildschweine, erleichtern zugleich erheblich (oder machen erst möglich) die korrekte „Ansprache“ der einzelnen Frischlinge und der „anderen“ Sauen. Wer „A“ sagt zur Nachtjagd und Frischlinge vorrangig schießen soll, der muss auch „B“ sagen zu Nachtsichtzielgeräten. Alles andere ist Heuchelei.

Die Fangjagd, die von vielen Jägern abgelehnt wird, auch weil sie von Dilettanten beim leichtfertigen Einsatz von „Frischlingsfängen zur Populationsreduktion“ in Misskredit gebracht wurde, sollte nicht wie bisher nur allzu oft verteufelt werden, da es Situationen, Standorte und Problemfälle gibt, wo sie uns helfen kann, selektiv durch Schwarzwild verursachte Schadenszonen zu eliminieren, zumindest zu reduzieren. Sie erfordert jedoch professionelles Können und sollte nur von erfahrenen Schwarzwildkennern durchgeführt werden.

Revierübergreifende Bewegungsjagden sind notwendig, um die Bestände flächendeckend weiter zu reduzieren. Auch die Reviere, in denen Ansitz- und Pirschjagd bisher dominierten, müssen sich dabei in Zukunft gerade auch in ihrem eigenen Interesse verstärkt dabei einbringen. Allerdings muss auch auf qualitative Verbesserungen bei den Bewegungsjagden gedrängt werden, insbesondere beim tierschutzgerechten Einsatz qualifizierter Hundemeuten.

Wesentlich ist aber auch, dass Populationseingriffe in Zukunft auch während der Vegetationszeit verstärkt im Wald erfolgen müssen (vor allem auch im Januar und Februar). Dort ist das Reproduktionszentrum des Schwarzwildes, dort erhalten die Populationen einen wesentlichen Teil ihrer „Konditionierung", dort werden auch die Mortalitätsraten der Frischlinge in strengen Wintern durch unterschiedliche Mastangebote entscheidend beeinflusst. Allerdings stehen die dortigen Jäger nicht unter dem erheblichen Druck von Wildschadensforderungen. Dieser bekanntlich auch finanzielle Druck, der zunehmend dazu führt, dass wildschadensgefährdete Reviere nicht mehr verpachtet werden können, wird überwiegend von den Feldjägern getragen. Sofern nicht Wege gefunden werden, entstehende Wildschäden in der Feldflur anteilsmäßig insbesondere auch auf die Waldreviere zu „verrechnen", dürfte die Zahl nicht mehr verpachtbarer Reviere in Deutschland in den kommenden Jahren weiter ansteigen.

Für die Populationskontrolle des Schwarzwildes tragen die Waldreviere eine deutlich höhere Verantwortung als die Feldreviere.

Die tierschutz- und ökosystemgerechte Bejagung des Schwarzwildes, die vielen nervigen Streitgespräche mit Bauern, Förstern und Gutmenschen, von denen jeder selbst ein gerütteltes Maß Eigenschuld an der Misere trägt, auch wenn sie dies geschickt verbergen oder einfach auf andere abwälzen, all das sollte uns Jäger aber nicht vergessen lassen, dass für uns Jagd, auch Wildschweinjagd, mehr ist als das Aufsuchen von Wild, um es zu erlegen.

Jagd bleibt für uns auch unter erschwerten Bedingungen weiterhin glückliches Erleben, fesselndes Einssein mit Landschaft, Wild und Zeit, kostbarer Augenblick in und mit der Natur, Aufblühen eines taufrischen Morgens, Vogelruf, verträumtes Gefangensein im glitzernden Gewebe des Altweibersommers, Pirsch im Schattenspiel mondheller Nächte, Wissen, Nachdenklichkeit und Schönheit, Herbstnebelschwaden und Zeichen im Schnee. Jagd ist aber auch wildes, blutvolles Vorwärtsstürmen, Testen unserer abgestumpften Sinne an sinnesscharfem Wild, ist ständiger Kampf zwischen Leidenschaft und Vernunft, altes Primatenerbe, ist Suche … Jagd ist aber auch Zuwendung und Hilfe für geschundene Natur, für bedrängte Umwelt, für gepeinigte Kreaturen, für Pflanzen und Tiere.

Es ist die tiefe Liebe zur Natur, die richtige Jäger wirklich bewegt. Jagd ist deshalb auch Verantwortung für Wildtiere und die von ihnen bewohnten Ökosysteme.

Und deshalb muss Jagd ökosystemgerecht sein. Ökosystemgerechte Jagd (MÜLLER 1988, 2009) erfordert kontinuierliche Anpassungen unserer Kenntnisse über die in unseren Landschaften und Tierpopulationen ablaufenden Prozesse an den Stand der fortschreitenden wissenschaftlichen Erkenntnisse. Dazu ist auch eine flexiblere Anpassung unserer Bejagungs- oder Hegerichtlinien an die z.T. grundverschiedenen Ökosysteme in Kultur- und Naturlandschaften notwendig.

Jagd ist in Kulturlandschaften zwingend erforderlich, richtige Jagd, die Pflichten und Verantwortung gegenüber Wildtieren und Gesellschaft gleichermaßen beachtet.

Wir Jäger sind stolz auf unsere artgerechte Lebensform, auch auf den guten Teil unserer Traditionen. Das reicht aber nicht für die Zukunftsfähigkeit unserer Jagd. Sie wird nur garantiert durch unsere Bemühungen um Konfliktminimierung zwischen Gesellschaft und Wildtieren, durch unseren sichtbaren und nachvollziehbaren Einsatz für Natur und Umwelt. Nicht ökosystemar angepasste Wildbestände waren und sind deshalb immer ein Prüfstein für jagdliche Intelligenz.

Beim Schwarzwild gilt es zu zeigen, dass wir trotz Liebe, Faszination und Respekt zu und vor ihm in der Lage sind, Kooperationsmodelle zwischen einer nicht unproblematischen Tierart und dem auch keineswegs unproblematischen Homo sapiens und seinen Kulturlandschaften zu entwickeln. Auch bei der dringend notwendigen Wiederherstellung akzeptabler Familien- und Altersstrukturen haben wir dabei unsere weidgerechten Normen zu beachten. Keine leichte Aufgabe bei einem reproduktionsstarken Anpassungskünstler, aber für intelligente Jäger keineswegs eine unlösbare.

6. Zum Autor

Paul Müller promovierte 1967 mit einer evolutionsgenetisch-biogeographischen Arbeit über Inselfaunen Brasiliens (summa cum laude) zum Dr. rer. nat. und erhielt 1970 mit seiner Analyse zur Phylogenie von Wirbeltieren und der Naturgeschichte Südamerikas („Centers of Dispersal of terrestrial vertebrates in the Neotropical realm"; Verl. Junk Den Hague 1971) die erste venia legendi für Biogeographie an einer deutschen Universität. Nach Rufen u.a. an die Universitäten Mainz, Saarbrücken und Düsseldorf baute er zunächst die Biogeographie in Saarbrücken, dann seit 1999 an der Universität Trier zu einem international renommierten Zentrum für die Biodiversitäts- und Umweltforschung aus.

Prof. Müller war u.a. Präsident der Gesellschaft für Ökologie (1972-1974), Mitglied im Sachverständigenrat für Umweltfragen der Bundesregierung (1981-1990), im Richtlinienausschuss des VDI, im Kuratorium des Max-Planck-Institutes in Plön (1980-1988), Chairman der Scientific Environmental Monitoring Group der EG in Brüssel (ab 1989), Mitglied des Beratergremiums Umweltrelevanter Altstoffe (BUA) des Verbandes Deutscher Chemiker und externer Wissenschaftler der US-Environmental Agency (USA).

Er erhielt zahlreiche wissenschaftliche Auszeichnungen, darunter Ehrendoktorwürden, schlug Umweltministerämter aus und war von 1979 bis 1983 u.a. auch Präsident der Universität des Saarlandes. Während seiner Amtszeit erhielt diese die „Dienstherreneigenschaft" vom Land und bildete Forschungsschwerpunkte, die noch heute das Profil der saarländischen Universität prägen. Arbeitsgruppen der Biogeographie und seine 86 Doktoranden arbeiten seit über 30 Jahren über Probleme der Umwelt-, Öko- und Arealsystemforschung in allen Kontinenten der Erde.

In über 650 wissenschaftlichen Publikationen (darunter in verschiedene Sprachen übersetzte Lehrbücher) werden die Forschungsschwerpunkte des Autors dokumentiert. Seit dem 1. Januar 1999 leitete Prof. Dr. Dr. h.c.mult. Paul Müller das Zentrum für Biogeographie, Biogeoanalytik und Ökotoxikologie an der Universität Trier und Forschungseinrichtungen der Umweltprobenbank des Bundes.

Seit frühester Jugend treibt ihn die Leidenschaft für seine Wissenschaft und die Jagd; beide führten ihn in alle Kontinente unserer

Erde. Er ist ein streitbarer Geist, immer bereit gegen die „terribles simplificateurs“ seine Stimme zu erheben. Hinter jedem starken Mann steht, aber fast immer eine starke Frau, in diesem Fall seine Frau Elke, die Stärken und Schwächen ihres Mannes seit der gemeinsamen Schulzeit kennt, liebevoll duldet oder fördert. Die Lebensphilosophie von Paul Müller lautet: „Wissenschaft und Jagd versöhnen mich mit der Endlichkeit meiner Existenz.“

7. Literatur

ABAIGAR, T. (1992): Paramètres de la réproduction chez le sanglier (Sus scrofa) dans le sudest de la peninsula ibérique. Mammalia 56 (2): 245 – 250.

AIKMAN, J. (1934): The effect of low temperature on the germination and survival of native oaks. Proc. Iowa. Acad. Sci. 41: 89 – 93.

ALEKPEROV, K. und S. KULIEV (1987): Some data on wild boar and roe deer ecology in Kuba-Khachmasskoi zone of Azerbadijan. Inst. Ekologii I Morphologii Zhivotnykh, Moskau.

ALEXANDER, L., G. ROHRER und C. BEATTIE (1996): Cloning and characterization of 414 polymorphic porcine microsatellites. Animal Genetics 27: 137 – 148.

ALIBHAI, S. (1976): A study of factors governing the number and reproductive success of Clethrionomys glareolus (SCHREBER). Dissertation, University of Oxford.

ANDERSON, R.M., B. TURNER und L. TAYLOR (1979): Population dynamics. Blackwell, Oxford.

ANDRZEJENSKI, R. (1974): Spotty mutation of wild boar Sus scrofa L. 1758. Acta theriol. 19: 159 – 163.

ANDRZEJENSKI, R., J. JEZIERSKI, A. KOSTELECKA-MYRCHA und A. MYRCHA (1976): Colour mutation in wild boar and the physiological causes of mortability of the Mutanta on the population. Bull. Ac. Pol.Pl. Sciences 12: 793 – 797.

ARNOLD, W. (2008): Schwarzwild – Hintergründe einer Explosion.Wildforschung in Baden-Württemberg 7: 26 – 32.

ASHBY, K. (1959): Prevention of regeneration of woodland by field mice and voles. Quarterly J. Forestry 53: 228 – 236.

AUMAITRE, A., C. MORVAN, J. QUERE, J. PEINIAU und G. VALLET (1982): Productivité potentielle et réproduction hivernale chez la laie (Sus scrofa) en milieu sauvage. J.Rech.porcine en France 14: 109 – 124.

AZAROV, V. und Y. KLIMOV (1990): Wild boar of Tumen oblast. Resursy zhivotnogo mira Sibiri. Okhotnichi zhivotnye I ptitsy. Nauka 187 – 189, Novosibirsk.

BAI, J.P. und Y. SHI (2002): Inhibation of T-type Ca(2+) current in mouse spermatogenic cells by gossypol, an antifertility compound. Eur. J. Pharmacol. 440: 1 – 6.

BASKIN, C. und J. BASKIN (1998): Seeds. Ecology, Biogeography, and Evolution of Dormancy and Germination. Academic Press, San Diego.

BASKIN, L. und K. DANELL (2003): Ecology of Ungulates. A handbook of species in Eastern Europe and Northern and Central Asia. Springer Verl. Berlin.

BÄSSLER, K. (1944): Untersuchungen über die Pilzflora der Pfälzer Kastanienwälder. Mitt. Pollichia N.F. 12: 3 – 86.

BAUBET, E., C. TOUZEAU und S. BRANDT (1997): Les lombriciens dans le régime alimentaire du sanglier (Sus scrofa L.) en montagne. Mammalia 67: 371 – 383.

BECKER, C. (1980): Beitrag zur Kenntnis vor- und frühgeschichtlicher Haus- und Wildschweine Mitteleuropas unter besonderer Berücksichtigung Heithabus. Berichte über die Ausgrabungen in Heithabu 15. Neumünster.

BEDDINGTON, J. (1979): Harvesting and population dynamics. In: Population dynamics, 307 – 320, Blackwell, Oxford.

BELL, R.L. und T.J. PETERLE (1975): Hormone implants control reproduction in white-tail deer. Wildl. Soc. Bull. 3: 152 – 156.

BENECKE, N. (1994): Der Mensch und seine Haustiere. Die Geschichte einer jahrtausendealten Beziehung. Theiss Verl., Stuttgart.

BEUERLE, W. (1975): Freilanduntersuchungen zum Kampf- und Sexualverhalten des europäischen Wildschweines (Sus scrofa L.). Z. Tierpsychologie 39: 211 – 258.

BIDWELL, C.A., J. FRANK, S. CORNELIUS, S. WILLIS und M. SPURLOCK (1997): Cloning and expression of the porcine obese gene. Anim. Biotechnology 8: 191 – 206.

BIEBER, C. und T. RUF (2005): Population dynamics in wild boar Sus scrofa: ecology, elasticity of growth rate and implications for the management of pulsed resource consumers. Journ. Applied Ecology 42 (6): 1203 – 1213.

BITANI, L., P. TRAPANESE und L. MATTEI (1995): Demographic patterns of wild boar (Sus scrofa L.) population in Toscany, Italy. Ibex 3: 197 – 201.

BLOUCH, R.A. und C.P. GROVES (1990): Naturally occuring suid hybrids in Java. Zeitschr. Säugetierkunde 55: 270 – 275.

BOBEK, B. (1969): Survival, turnover and production of small rodents in a beech forest. Acta theriologica 14: 191 – 210.

BONN, S. und P. POSCHLOD (1998): Ausbreitungsbiologie der Pflanzen Mitteleuropas. Ulmer Verl., Stuttgart.

BÖHLING, N. (1992): Floristischer Wandel von Waldgesellschaften. Naturschutz und Landschaftsplanung 1: 16 – 19.

BONFILS, P., D. HORRISBERGER und M. ULBER (2005): Förderung der Eiche. Strategie zur Erhaltung eines Natur- und Kulturerbes der Schweiz. BUWAL, Bern.

BOSMA, A. (1976): Chromosomal polymorphism and G-banding patterns in the wild boar (Sus scrofa L.) from the Netherlands. Genetica 46: 391 – 399.

BOULDOARE, J.L. und J. VASSANT (1990): Le sanglier. Paris.

BRAN, D., P. LOBREAUX, M. MAISTRE, P. PERRET und F. ROMANE (1990): Germination of Quercus ilex and Quercus pubescens in a Q. ilex coppice. Vegetatio 87: 45 – 50.

BRIEDERMANN, L. (1968): Die biologische und forstliche Bedeutung des Wildschweines im Wirtschaftswald. Arch. Forstw. 17: 943 – 967.

BRIEDERMANN, L. (1971): Zur Reproduktion des Schwarzwildes in der Deutschen Demokratischen Republik. Tag.Ber.dtsch.Akad.Landwirtsch.Wiss. Berlin 113: 169 – 186.

BRIEDERMANN, L. (1976): Ergebnisse einer Inhaltsanalyse von 665 Wildschweinmägen. Zool. Gart. 46: 157 – 185.

BRIEDERMANN, L. (1990): Schwarzwild. Deutscher Landwirtschaftsverlag, Berlin.

BROMLEY, G. (1964): Ussuri wild boar. Nauka, Moskau.

BROWN, T., D. DECKER, S.RILEY, J. ENCK, T. LAUBER, P. CURTIS und G. MATTFELD (2000): The future of hunting as a mechanism to control white-tailed deer populations. Wildl. Soc. Bull. 28: 797 – 807.

BRUMMER, R. und P. KHANNA (2008): Ecological and site historical aspects of N dynamics and current

N status in temperate forests. Global Change Biol. 14: 125 – 141.

BÜNTING, A. (2005): Jagd ohne Grenzen?. Nachtzielgeräte. Wild und Hund 12: 18 – 21.

BURRICHTER, E. (1984): Baumformen als Relikte ehemaliger Extensivwirtschaft in Nordwestdeutschland. Drosera 1: 1 – 18.

BURRICHTER, E., R. POTT, T. RAUS und R. WITTIG (1980): Die Hudelandschaft „Borkener Paradies" im Emstal bei Meppen. Abhdl. Landesmuseum Naturkunde Münster 42 (4).

BURSCHEL, P. (1966): Untersuchungen in Buchenmastjahren. Forstwiss. Centralblatt 85: 193 – 256.

BURSCHEL, P. und J. HUSS (1997): Grundriss des Waldbaus. Parey, Berlin.

BURSCHEL, P., J. HUSS und R. KALBHENN (1964): Die natürliche Verjüngung der Buche. Schr.R.Forstl. Fakultät Univ. Göttingen 34.

CABON, K. (1958): Das Massensterben von Wildschweinen im Naturschutzpark von Bialowieza im Winter 1955/56. Acta theriol. 2: 71 – 82.

CALENGE, C., D. MAILLARD, P. FOURNIER und C. FOUQUE (2004): Efficiency of spreading maize in the garrigues to reduce wild boar (Sus scrofa) damage to Mediterranean vineyards. Eur. J. Wildl. Res. 50: 112 – 120.

CALLAHAN, H., K. DEL FIERRO, A. PATTERSON und H. ZAFAR (2008): Impacts of elevated nitrogen inputs on oak reproductive and seed ecology. Global Change Biology 14 (2): 285 – 293.

CAMPBELL, I. (1974): The bioenergetics of small mammals, particularly Apodemus sylvaticus (L.) in Wytham Woods, Oxfordshire. Dissertation, University Oxford.

CAMPITELLI, L., J. DONATELLI, E. FONI, M. CASTRUCCI, C. FABIANI, Y. KAWAOKA, S. KRAUS und R. WEBSTER (1997): Continued evolution of H1N1 and H3N2 influenza viruses in pigs in Italy. Virology 232 (2): 310 – 318.

CARITAT, A., F. GARCIA-BERTHOU, R. LAPENA und L. VILAR (2006): Litter production in a Quercus suber forest of Montseny (NE Spain) and its relationship to meteorological conditions. Ann. Forest Science 63 (7): 791 – 800.

CELLINA, S. (2008): Effects of supplemental feeding on the body condition and reproductive state of wild boar (Sus scrofa) in Luxembourg. Diss. University of Sussex.

COMBERG, G. (1978): Schweinezucht. Verl. Ulmer, Stuttgart.

CORNER, L.A. (2006): The role of wild animal populations in the epidemiology of tuberculosis in domestic animals: how to asses the risk. Vet. Microbiol. 112: 303 – 312.

DAMBENIEKS, G. und U. BERGMANNS (1996): Populationsdynamik der Elche Alces alces und des Wildschweins Sus scrofa im Naturreservat „Feici" und angrenzenden Gebieten. Prinzipien der Regulation der Wilddichte durch Jagd. Beitr. Jagd- und Wildforschung 21: 161 – 170.

DANILKIN, A. (2002): Pigs (Suidae). Geos, Moskau.

DARDAILLON, M. (1987): Seasonal feeding habits of the wild boar in a Mediterranean Wetland, the Camargue (Southern France). Acta Theriol. 32: 389 – 401.

DAVID, A. (2008): Braune „Riesenbabys". Wild u. Hund 19: 34 – 39.

DAVID, A. (2009): Pillen vor die Sauen. Wild und Hund 1: 46 – 50.

DEBERNARDI, P., E. PATRIARCA und R. SABIDUSSI (1995): Wild boar (Sus scrofa) control in regional park „La Mandria“ (Piemont, NW Italy). Ibex 3: 237 – 240.

DELFS, J. (1999): Schweinemast im Wald. Mastnutzung in den Ämtern Gifhorn, Knesebeck, Isenhagen und Bodenteich. Schriftenr. Landkr. Gifhorn.

DELPECH, F. (1975): Les faunes du Paléolitique superieur dans le Sud-Ouest de la France. Dissertation, Universität Bordeaux I.

DENGLER, A. (1930): Waldbau auf ökologischer Grundlage. Berlin.

DEPNER, K., H. GRANZOW, B. KERN, B. LIESS und P. MÜLLER (1998): Schweinepest – Uneingeschränkte Jagd ist kontraproduktiv. Wild und Hund 15: 34 – 39.

DEPNER, K., H. GRAZOW, F. WEILAND, P. MÜLLER, V. KADEN und B. LIESS (1998): Schweinepest gestern und heute. Wild und Hund 22: 56 – 61.

DEPNER, K., T. MÜLLER, E. LANGE, CH. STAUBACH und J. TEUFFERT (2000): Transient classical swine fever virus infection in wild boar piglets partially protected by maternal antibodies. Dtsch. Tierärztl. Wochenschr. 107: 66 – 68.

DEXTER, N. (1998): The influence of pasture distribution and temperature on habitat selection by feral pigs in a semiarid environment. Wildlife Research 25 (5): 547 – 559.

DIEZEL, K.E. (1922): Diezel`s Niederjagd. 13. Auflage, Berlin.

DINTER, U. (1991): Das Raum-Zeitverhalten von Schwarzwild im Grünewald in den Sommermonaten unter besonderer Berücksichtigung menschlicher Störungen. Dissertation Universität München.

DRESCHER-KADEN, U. (1998): Zur Physiologie des Schwarzwildes. Schwarzwild-Symposium; Schriftenr. Landesjagdv. Bayern 6: 97 – 106.

DROZDZ, A. (1966): Food habits and food supply of rodents in the beech forest. Acta Theriologica 11: 363 – 384.

DUDERSTAEDT, J. (2007): Grüner Dschungel. Pirsch 14: 36 – 39.

DUNCAN, D. und G. LODGE (1980): Diet in relation to reproduction and the viability of the young. Part 3:pigs. Commonw. Bur.Anim.Nutr.Tech. Comm. 21.

DURIO, P., D. FOGLIATO, A. PERRONE und N. TESSARIN (1995): The autumn diet of the wild boar (Sus scrofa) in an alpine valley. Preliminary results. Ibex JME 3: 180 – 183.

DURIO, P. U. GALLO-ORSI, E. MACCHI und A. PERRONE (1995): Structure and monthly birth distribution of a wild boar population living in mountainous environment. J. Mount. Ecol. 3: 202 – 203.

DUROV, V. (1980): Boar of the western Caucasus. Dissertation, Inst. Evolution, Morphologie und Ökologie, Universität Moskau.

EDWARDS,P.J. und M. GILLMAN (1987): Herbivores and plant succession. In: Colonization, Succession and Stability, 295 – 314, Blackwell, Oxford.

EGGELING, F.K. VON (2006): Jagd ist alle Tage neu. Neumann-Neudamm, Melsungen.

ELIAS, S., J. WITHAM und M. HUNTER (2004): Peromyscus leucopus abundance and acorn mast: Population fluctuation patterns over 20 years. J. Mammalogy 85 (4): 743 – 747.

ELLENBERG, H. (1978): Vegetation Mitteleuropas mit den Alpen in ökologischer Sicht. Verl. Ulmer, Stuttgart.

ELLENDORFF, F., N. PARVIZI, F. ELSAESSER und D. SMIDT (1977): The miniature pig as an animal model in endocrine and neuroendocrine studies of reproduction. Lab. Anim. Sci. 27: 822 – 830.

ELLIGER, A., P. LINDEROTH, M. PERGEL und S. SEITLER (2001): Ergebnisse einer landesweiten Befragung zur Schwarzwildbewirtschaftung. WFS-Mitteilungen 4, Aulendorf.

ELMER, W. (1955): Die Waldweide im Thüringer Wald und im Harz, ein landwirtschaftliches, forstwirtschaftliches und sozialpolitisches Problem. In: Reichtum und Not der Natur, 125 – 136, Dresden.

ENDRES, K.-P. und W. SCHAD (1997): Biologie des Mondes. Mondperiodik und Lebensrhythmen. Hirzel Verl., Stuttgart.

ERKINARO, E., K. HEIKURA, E. LINDGREN; E. PULLAINEN und S. SULKAVA (1982): Occurence and spread of the wild boar (Sus scrofa) in eastern Fennoscandia. Memoranda 58: 39 – 47.

ERNST, M. und J. FEUEREISEL (2007): Problematik der genetischen Diversität in Gehegehaltungen am Beispiel des Polymorphismus des Genes LEP beim Schwarzwild (Sus scrofa L.). Beitr. Jagd- und Wildforschung 32: 345 – 348.

FADEEV, E. (1988): Distribution of wild boar population in the Vyatka-Kama region in the second part of the 20th century. Vestnik Moskovskogo Universiteta, Ser. 16. Biologiya 2: 22 – 26.

FADEEV, E. (1993): Territorial structure of the Sus scrofa population in the Saratov Volga region. Vestnik Moskovskogo Universiteta, Ser. 16. Biologiya 3: 30 – 36.

FEICHTNER, B. (2005): Ursachen der Streckenschwankungen beim Schwarzwild im Saarland. Z. Jagdwissenschaft 44(3).

FERNANDEZ-LLARIO, P. und P. MATEOS-QUESADA (1998): Body size and reproductive parameters in the wild boar Sus scrofa. Theriologica 42 (4): 439 – 444.

FERNANDEZ-LLARIO, P. und P. MATEOS-QUESADA (2003): Population structure of the wild boar (Sus scrofa) in the Mediterranean habitats in western Iberian Peninsula. Folia Zoologica 52(2): 143 – 148.

FERNANDEZ-LLARIO, P. und P. MATEOS-QUESADA (2005): Influence of rainfall on the breeding biology of wild boar (Sus scrofa) in a Mediterranean ecosystem. Folia Zool. 54 (3): 240 – 248.

FERNANDEZ-LLARIO, P., A. PARRA, R. CERRATO und J. DE MENDOZA (2004): Spleen size variations and reproduction in a Mediterranean population of wild boar (Sus scrofa). Eur. J. Wildlife Research 50 (1): 13 – 17.

FICKEL, J. und U. HOHMANN (2005): A methodological approach for non-invasive sampling for population size estimates in wild-boars (Sus scrofa). Eur. J. Wildl. Res. 52 (1): 28 – 33.

FISCHER, R., J. SILKE und G. von LENGERKEN (1999): Einbeziehung von Fruchtbarkeitsleistungen in die Zuchtwertschätzung beim Schwein. Züchtungskunde 71 (3): 209 – 218.

FLAD, M. (1987): Hirten und Herden. Ein Beitrag zur Geschichte der Tierhaltung in Oberschwaben. Federsee Verl., Bad Buchau.

FLADE, M. und SCHWARZ, J. (2004): Ergebnisse des DDA-Monitoringprogramms, Teil II: Bestandsentwicklung von Waldvögeln in Deutschland 1989 – 2003. Vogelwelt 125: 177 – 213.

FLOEGEL-NIESMANN, G, G. BUNZENTHAL, S. FISCHER und V. MOENNIG (2003): Virulence of recent and former classical swine fever virus isolates evaluated by their clinical and pathological signs. J. Vet. Med. B 50: 214 – 220.

FOZZER, F. (1981): Sus scrofa L., 1758. In: Distribuzione e biologia di 22 specie di mammiferi in Italia. Rom.

FRENZEL, B. (2000): Datiert der klimawirksame Eingriff des Menschen in den Haushalt der Natur erst aus dem beginnenden Industriezeitalter? Rundgespr. Komm. Ökologie, Bayerische Akademie der Wissenschaften 18: 33 – 46; Pfeil Verl., München.

FÜLDNER, K. (1995): Zur Strukturbeschreibung in Mischbeständen. Forstarchiv 66: 235 – 240.

FURUTANI, Y., A. KATO, H. YASUE, L. ALEXANDER, C. BEATTIE und S. HIROSE (1998): Evolution of the Trappin Multigene Family in the Suidae. J. Biochem. 124: 491 – 502.

GABOR, T., E. HELLGREN, R. VAN DEN BUSCHE und N. SILVY (1999): Demography, sociospatial behaviour and genetics of feral pigs (Sus scrofa) in a semi-arid environment. J. Zool. Lond. 247: 311 – 322.

GAßNER, H. (1998): Der Mond ist aufgegangen. Malen im Dunkeln – Maler des Dunkels. Die Nacht. Benteli Verl. Wabern-Bern.

GEISSER, H. (1998): The wild boar (Sus scrofa) in the Thurgau (Northeastern Switzerland) population status, damage and the influence of supplementary feeding on damage frequency. Gibier Faune Sauvage 15: 547 – 554.

GEISSER, H. und H. REYER (2005): The influence of food and temperatre on population density of wild boar Sus scrofa in the Thurgau (Switzerland). J. Zool. 267: 89 – 96.

GENARD, M. und F. LESCOURRET (1985): Le sanglier (Sus scrofa scrofa) et les diaspores dans le sud de la France. Rev. Ecol. 40: 343 – 353.

GENOV, P. (1981): Food composition of wild boar in north-eastern and western Poland. Acta Theriol. 26: 185 – 205.

GENOV, P. (1987): Food composition of wild boar (Sus srofa attila THOS) in the Danubian plain. Ecology 20: 47 – 57.

GENOV, P., G. MASSEI und V. KOSTOVA (1994): Die Nutzung der Wildschwein-Populationen in Europa in Theorie und Praxis. Z. Jagdwiss. 40.

GENOV, P., I. PETROV, G. FERARRI, M. GUIDONI, G. MASSEI und F. SPANOLI (1998): The effect of hunting on population structure of wild boar. Z. Jagdwiss. 44.

GETHÖFFER, F. (2005): Reproduktionsparameter und Saisonalität der Fortpflanzung des Wildschweins (Sus scrofa) in drei Untersuchungsgebieten Deutschlands. Dissertation, Tierärztliche Hochschule, Hannover.

GETHÖFFER, F., G. SODEIKAT und K. POHLMEYER (2007): Reproductive parameters of wild boar (Sus scrofa) in three different parts of Germany. Eur. J. Wildlife Res. 53 (4): 287 – 297.

GIZEJEWSKI, Z., B. SZAFRANSKA, Z. STEPLEWESKI, G. PANASIEWICZ, A. CIERESKO und H. KOPROWSKI (2008): Cottonseed feeding delivers sufficient quantities of gossypol as a male deer contraceptive. Eur. J. Wildl. Res. 54: 469 – 477.

GORELOV, I. (1994): Biology of Sibirian wild boar. Inst. tsitologii i genetiki. Novosibirsk.

GORETZKI, J. (2007): Entwicklung der Schwarzwildstrecken in Deutschland und aktuelle Probleme der Bewirtschaftung. Beitr. Jagd- und Wildforschung 32: 361 – 372.

GOULDING, M.J. (2001): Possible genetic sources of free-living wild boar (Sus scrofa) in southern England. Mammal. Rev. 31 (3): 245 – 248.

GRODZINSKI, W., M. MAKÒMASKA, R. TERTIL und J. WIENER (1977): Bioenergetics and total impact of vole populations. Oikos 29: 494 – 510.

GROOT BRUINDERINK, G. HAZEBROEK und H. VAN DER VOET (1994): Diet and condition of wild boar, Sus scrofa scrofa, without supplementary feeding. J. Zool. Lond. 233: 631 – 648.

GROSSMANN, H. (1927): Die Waldweide in der Schweiz. Dissertation ETH Zürich.

GROVES, C.P. (1981): Ancestors for the pigs: taxonomy and phylogeny of the genus Sus. Technical Bull., Dept. Prehist., Res.Sch.Pacific Stud., Aust. Nat.Univ. 3: 1 – 96.

GUANFANG, C. (1984): Suidae and Tayassuidae, Artiodactyla, Mammalia, from the Miocene of Steinheim, Germany. Palaeontology, Abt. Palaeozool. Stratigr. 184 (1-4): 79 – 93.

GUNDLACH, H. (1968): Brutfürsorge, Brutpflege, Verhaltensontogenese und Tagesperiodik beim europäischen Wildschwein (Sus scrofa L.). Z. Tierpsychol. 25: 955 – 995.

GUTHRIE, H., GRIMES, R., B. COOPER und J. HAMMOND (1995): Follicular aztresia in pigs: measurement and physiology. J. Anim. Sci. 73 (9): 2834 – 2844.

HAHN, N. (2008): Evaluierung der Empfehlungen zur Reduzierung überhöhter Schwarzwildbestände (ERS) in Bayern. Abschlussbericht (unveröffentlicht), Landesanstalt für Forsten, Abt. Forstpolitik und Wildtiermanagement, Freising.

HAHN, N. und D. EISFELD (1998): Diet and habitat use of wild boar (Sus scrofa) in SW-Germany. Gibier Faune Sauvage, Game Wildlife 15: 595 – 606.

HALL, L. und B. CYPHER (1999): Acorn yields in three coastal-central California countries during 1988-1997. Transact. Western Section of Wildlife Soc. 35: 41 – 49.

HARDJASAMITA, H.S. (1987): Taxonomy and phylogeny of the Suidae (Mammalia) in Indonesia. Scripta Geologica 85: 1 – 68.

HARMER, R., R. BOSWELL und M. ROBERTSON (2005): Survival and growth of tree seedlings in relation to changes in the ground flora during natural regeneration of an oak shelterwood. Forestry 78 (1): 21 – 32.

HARTL, G.B. und F. CSAIKL (1987): Genetic variability and differentiation in wild boars (Sus scrofa L.): comparison of isolated populations. J. Mammalogy 68: 119 – 125.

HARTMANN, G. (1996): Ursachenanalyse des Eichensterbens in Deutschland – Versuch einer Synthese bisheriger Befunde. Mitt. Biol. Bundesanstalt 138: 125 – 151.

HAUSRATH, H. (1913): Die Waldwirtschaft. In: Das Leben der Pflanze 471 – 610, Frank'sche Verl., Stuttgart.

HAUSSER, J. (1995): Säugetiere der Schweiz. Birkhäuser Verl., Basel.

HAYWARD, G. und J. PHILIPPSON (1979): Community structure and functional role of small mammals in ecosystems. In: STODDART, 135 – 211.

HEBEISEN, C. (2007): Population size, density and dynamics, and social organisation of wild boar (Sus scrofa) in the Basin of Geneva. Dissertation Universität Neuchatel.

HEBEISEN, C., J. FATTEBERT, E. BAUBET und C. FISCHER (2008): Estimating wild boar (Sus scrofa) abundance and density using capture-resights in Canton of Geneva, Switzerland. Eur. J. Wildlife Research 54 (3): 391 – 401.

HEINSDORF, D. (1999): Buchen- und Eichenanbau aus Sicht prognostizierter Klimaveränderungen. AFZ 11: 567 – 571.

HEISE-PAVLOV, P. und S. HEISE-PAVLV (2003): Feral pigs in tropical rainforest of northeastern Australia: ecology, zoonoses and management. Wildl. Biol 9 (Suppl. 1): 21 – 27.

HEISER, M. (2007): Molekulargenetische Analysen zur Populationsstruktur von Sus scrofa-Populationen. Diplomarbeit Biogeographie, Universität Trier.

HELL, P., J. GASPARIK, J. SLAMECKA, P. GARAJ und P. CHUDEJ (2004): Entwicklung und Bewirtschaftung des Schwarzwildbestandes in der Slowakei. Beitr. Jagd- und Wildforschung 29: 193 – 205.

HENNIG, R. (1996): Schwarzwild. BLV, München.

HENRY, V.G. (1968): Length of estrous cycle and gestagion in European wild hogs. J. Wildlife Managem. 32: 406 – 408.

HENRY, V.G. (1968): Fetal development in European wild hogs. J. Wildlife Management 32: 966 – 970.

HERRERO, J., A. GARCIA-SERRANO, S. COUTO, V.M. ORTUNO und R. GARCIA-GONZALES (2006): Diet of wild boar Sus scrofa L. and crop damage in an intensive agroecosystem. European Journal of Wildlife Research 52 (4): 245 – 250.

HERZOG, A. (1984): Die Chromosomen von Wild- und Hausschwein. 2. Schwarzwild-Symposium Giessen. Enke Verl., Stuttgart.

HERZOG, A. und W. HECHT (1998): Chromosomaler Polymorphismus bei Wildschweinen. Schriften Arbeitskr. Wildbiologie u. Jagdwissenschaft Justus-Liebig-Universität 2: 31 – 35, Giessen.

HILLER, H. (2003): Jäger und Jagd. Zur Entwicklung des Jagdwesens in Deutschland zwischen 1848 und 1914. Münster.

HINSCH, V. (207): Bejagen wir unser Schwarzwild richtig? Game Conservancy Nachrichten 17(1): 37 – 42.

HOFFMANN, D. (2000): Vergleichende genetische Verwandtschaftsanalyse von europäischen Wildschweinen aus einer natürlichen Population und einem Großgatter. Diplomarbeit Biogeographie, Universität des Saarlandes, Saarbrücken.

HOFMANN, G. und D. HEINSDORF (1990): Depositionsgeschehen und Waldbewirtschaftung. Der Wald 40 (7): 208 – 215.

HOFMANN, G. und U. POMMER (2005): Potentielle Natürliche Vegetation von Brandenburg und Berlin. Eberswalder Forstliche Schriftenreihe 24, Bäßler Verl., Berlin.

HOHMANN, U. und D. HUCKSCHLAG (2004): Grenzwertüberschreitende Radiocäsiumkontamination von Wildschweinfleisch in Rheinland-Pfalz. Eine Mageninhaltsanalyse erlegter Wildschweine aus dem westlichen Pfälzerwald. Bericht der Forschungsanstalt für Waldökologie und Forstwirtschaft Rheinland-Pfalz.

HOLMES, J. (1995): Population regulation: a dynamic complex of interactions. Wildl. Res. 22: 11 – 19.

HONE, J. und H. PEDERSEN (1980): Changes in feral pig population after poisoning. Proc. 9th Vertebrate Pest Conference 176 – 182.

HOOPS, J. (1905): Waldbäume und Kulturpflanzen im germanischen Altertum. Straßburg.

HOPP, P.J. (1984): Weite Pirsch. Parey, Hamburg.

HOUSEKNECHT, K., C. BAILKE, R. MATTERI und M. SPURLOCK (1998): The biology of leptin: a review. J. Anim. Sci. 76: 1405 – 1420.

HÜNERMANN, K.A. (1969): Sus scrofa priscus Goldfuß im Pleistozän von Süßenborn bei Weimar. Paläont. Abh. 3: 611 – 616.

HUTTEL, H. (1968): Hohe Jagd im Schwarzwildrevier. Safari Verl., Berlin.

JACOBSEN, C. und A. BALAZS (1999): Niederschlagsdeposition in hessischen Waldgebieten. AFZ 11: 572 – 574,

JANSEN, P. (1966): Viehwege und Viehstraßen. Selfkantheimat 11: 76 – 78, 81 – 83, 92 – 94.

JEDRZEJEWSKA, B. und W. JEDRZEJEWSKI (1998): Predation in Vertebrate Communities. Ecological Studies 135, Springer, Heidelberg.

JEZIERSKI, W. (1977): Longevity and mortality rate in population of wild boar. Acta theriol. 22: 337 – 348.

JEZIERSKI, W. und A. MYRCHA (1975): Food requirements of a wild boar population. Pol.Ecol.Stud. 1(2): 61 – 83.

KADEN, V. und E. LANGE (1998): Vaccination as strategy of CSF control in wild boar. In: Measure to control classical swine fever in European Wild Boar. Perugia, Italien.

KADEN, V., E. LANGE, U. FISCHER, G. STREBELOW, D. PATON und E. EDWARD (2000): Oral immunisation of wild boar against classical swine fever: evaluation of the first field study in Germany. Veterinary-Microbiology 73(2-3): 239 – 252.

KADEN, V. , A. HÄNEL, C. RENNER und K. GOSSGER (2005): Oral immunisation of wild boar against classical swine fever in Baden-Württemberg: development of the seroprevalences based on the hunting bag. European Journal of Wildlife Research 51(2): 101 – 107.

KALBHENN, G., P. MÜLER und H. CARIUS (1985): Laufende Forschungsvorhaben an Schwarzwild im ersten saarländischen Wildschutzgebiet im Forstamt Warndt. Saarjäger 3: 5 – 7.

KANITZ, A. und U. HUHN (1999): Erprobte Verfahren zur biotechnologischen Steuerung von Brunst und Ovulation beim Schwein. Tierärztl. Rundschau 54 (4): 208 – 214.

KELLY, D., W. KOENIG und A. LIEBHOLD (2008): A continental comparison of the dynamic behaviour of mastseeding. Ecology 50 (4): 329 – 342.

KERN, B. (1998): Experiences with CSF-Vaccination of wild boar in Brandenburg. In: Measures to control classical swine fever in Eurpean wild boar. Perugia, Italien.

KERN, B. und K. LAHRMANN (2000): Orale Immunisierung gegen klassische Schweinepest (KSP) beim Schwarzwild in Brandenburg 1995 bis 1997. Dtsch. Tierärztl. Wochenschr. 107: 469 – 444.

KEULING, O. (2009): Schwarzwild – ganz privat. Pirsch 3: 4 – 9.

KEULING, O., N. STIER und M. ROTH (2008): Annual and seasonal space use of different age classes of female wild boar Sus scrofa L. Eur. J. Wildl. Res. 54: 403 – 412.

KHOKHAR, A.R. und S.-W. RIZVI (1998): Productivity enhancement of rice crop yield through prevention of losses due to wild boars in Pakistan. Turkish J. Zool. 22 (2): 167 – 174.

KIM, K. und C. CHOI (2002): Genetic structure of Korean native pig using Microsatellite Markers. Korean J. Genetics 24: 1 – 7.

KIM, K., J. YEO und J.W. KIM (2002): Assessment of genetic Diversity of Korean native pig (Sus scrofa) using AFLP Markers. Genes Genet.Syst. 77: 361 – 368.

KLOTZ, R. (1988): Konsequenz zahlt sich aus. Schwarzwildhegeringe im Vergleich. Jäger 1: 22 – 29.

KNOPF, A., E. LANGE und V. KADEN (2002): In vivo and in vitro charaterisation of different CSFV field isolates originating from wild boar: first results. In: Fifth Pestvirus Symposium, St. John's College, Cambridge.

KNYAZEV, S., V. TIHONOV, S. SUZUKI, J. KUROSAVA und K. TANAKA (1985): Genetic peculiarities of domestic and wild pigs of Eurasia by Serum polymorphic systems. 2. Polymorphism by transferring ceruplasmin and amylase systems. Zool. Zh. 64 (11): 1712 – 1717.

KOENIGSWALD, W. von (1978): Die Säugetierfauna des Mittel-Würm aus der Kemathenhöhle im Altmühltal. Mitt. Bayer. Staatssamml., Paläont. Hist. Geol. 18: 117 – 130.

KOLB, B. (1980): Neuere Erkenntnisse zur Beeinflussung des Wachstums der Embryonen und der Foeten beim Schwein. Monatshefte Veterinärmedizin 35 (10): 389 – 392.

KOMM, H. (2008): Zielhilfen bei der Nachtjagd unter den Aspekten des Jagd- und Waffenrechts sowie der Sicherheit. Wildforschung in Baden-Württemberg 7: 48 – 53.

KORWIN-KOSSAKOWSKA, A., K. REED, C. PELAK, E. KRAUSE, L. MORRISON und L. ALEXANDER (2002): Radiation hybrid mapping of 118 new porcine microsatellites. Animal Genetics 33: 224 – 248.

KOSTELECKA-MYRCHA, A. (1974): Changes in haematological values in wild boar during postnatal development. Acta theriol. 19: 165 – 176.

KOZDROWSKI, R. und A. DUBIEL (2004): The effect of season on the properties of wild boar (Sus scrofa) semen. Anim. Reprod. Sci. 80: 281 – 289.

KOZLO, P.G. (1975): Wild boar. Urozhay, Minsk.

KRATOCHWIL, A. und A. SCHWABE (1987): Weidbuchen im Schwarzwald als Zeugen extensiver Wirtschaftsweisen: Rekonstruktion von Jugend und Altersstadien durch aktualisierten Vergleich und Analyse von Stammquerschnitten. Forstwiss. Centralblatt 106 (6): 300 – 311.

KRAUSE, E., L. MORRISON, K. REED und L. ALEXANDER (2002): Radiation hybrid mapping of 273 previously unreported porcine microsatellites. Animal Genetics 33: 468 – 485.

KREBS, CH. Und J. MYERS (1974): Population cycles in small Mammals. In: Advances in Ecological Research 8: 267 – 399.

KREMER, H. (1997): Ovulationsinduktion durch Seminalplasma beim Schwein: Untersuchungen zu Mechanismen der lokalen Signalübertragung. Tierärztliche Hochschule Hannover.

KREWER, B. (2009): Härtetest. Effektive Schwarzwildbejagung braucht effektive Hunde. Pirsch 3: 40 – 41.

KUKUSHKIN, S., A. KANSHINA, A. TIMINA, T. BAYBIKOV und M. MIKHALISHIN (2008): Investigation of wild boar (Sus scrofa) for porcine reproductive and respiratory syndrome in some territories of Russia. Eur. J. Wildl. Res. 54: 515 – 518.

KRÜGER, T. (1998): Entwicklung der Jagdstrecken des Schwarzwildes (Sus scrofa L. 1758) und möglicher Einflussfaktoren im heutigen Freistaat Sachsen. Z. Jagdwiss. 44: 151 – 166.

KURENCOV, A.I. (1965): Zoogeografija Priamur'ja. Moskau u. Leningrad.

KÜSTER, H. (1999): Geschichte der Landschaft in Mitteleuropa. Beck Verl., München.

LARSON, G., K DOBNEY, U. ALBARELLA, M. FANG, E. MATISOO-SMITH, J. ROBINS, S. LOWDEN, H. FINLAYSON, T. BRAND, E. WILLERSLEV, P. ROWLEY-CONWY, L. ANDERSSON und A. COOPER (2005): Worldwide Phylogeography of wild boar reveals multiple centers of pig domestication. Science 307: 1618 – 1621.

LAUTERBORN, R. (1895): Pflanzenphänologische Beobachtungen aus der Umgebung von Ludwigshafen a.Rh. 1894. Mitt. Pollichia 9.

LAVROVSKY, A. (1952): Wild boar in the Volga mouth. Trudy Astrakhanskogo Gosudarstvennogo Zapovednika 7: 1 – 67.

LEBEDEVA, L. (1956): Ecological peculiarities of wild boar in Belovezhskaya Forest. Uchenye Zapiski oskovskogo Pedagogicheskogo Instituta 61 (4/5): 105 – 271.

LEMEL, J., J. TRUVÉ und B. SÖDERBERG (2003): Variation in ranging and activity behaviour of European wild boar Sus scrofa in Sweden. Wildl. Biol. 9: 29 – 36.

LEUENBERGER, R. (2004): Surveillance of wild boar in Switzerland: prevalence of infections relevant to domestic pigs. Dissertation Univ. Basel.

LEUSCHNER, CH., H. JUNGKUNST und ST. FLECK (2009): Functional role of forest diversity: Pros and cons of synthetic stands and across-site comparisons in established forests. Basic and Applied Ecol. 10: 1 – 9.

LIESS, B. (1987): Pathogenesis and epidemiology of hog cholera. Ann. R. Vet. 18: 139 – 145.

LOPES, F. und J. BORGES (2004): Wild boar in Portugal. Galemys 16: 243 – 251.

LOZAN, M. (1995): Factors that limit the number of wild boar in the republic of Moldova. J. Mountain Ecol. 3.

LUTZ, W. (1997): Serologischer Nachweis von Antikörpern gegen Toxoplasma gondii und Leptospira beim Schwarzwild. Z. Jagdwiss. 43 (4): 283 – 287.

LUTZ, W. und R. WURM (1996): Serologische Untersuchungen zum Nachweis von Antikörpern gegen Viren des seuchenhaften Spätaborts, der Aujeskyschen Krankheit, der Europäischen Schweinepest und Porzina Parvoviren beim Wildschwein (Sus scrofa). Eur. J. Wildl. Manag.

MACFADYEN, A. (1974): Advances in ecological research. Vol. 8, Academic Press, London.

MAETO, K. und K. OZAKI (2003): Prolonged diapause of specialist seedfeeders makes predator situation unstable in masting of Quercus crispula. Oecologia 137 (3): 392 – 398.

MAILLARD, D. und P. FOURNIER (2004): Timing and synchrony of births in the wild boar (Sus scrofa L. 1758) in a mediterrenian habitat: the effect of food availability. Galemys 16: 67 – 74.

MANTEL, K. (1965): Forstgeschichtliche Beiträge. Scharper, Hannover.

MARKOV, N., N. NEIFELD und A. ESTAFJEV (2002): The ecological aspects of wild boar expansion in the European North-East of Russia. Internat. Wild boar symposium, 3 – 4, Lousa, Portugal.

MARTINEZ, A., J. DELGADO, A. RODERO und J. VEGA-PLA (2000): Genetic structure of the Iberian pig breed using microsatellites. Anim. Genet. 31: 295 – 301.

MARTYS, M. (1991): Ontogenie und Funktion der Saugordnung und Rangordnung beim Europäischen Wildschwein, Sus scrofa L. In: Bongo 18: 219 – 232.

MASON, I.L. (1984): Evolution of domesticated animals. Longman, London.

MASSEI, G., D. COWAN, J. COATES, F. GLADWELL, J. LANE und L. MILLER (2008): Effect of the GnRH vaccine GonaCon on the fertility, physiology and behaviour of wild boar. Wildlife Research 35 (6): 540 – 547.

MASSEI, G. P. GENOV und B. STAINES (1996): Diet, food availability and reproduction of wild boar in a Mediterranean coastal area. Acta Theriol. 41 (3): 307 – 320.

MASSOLO, A. und R. DELLA STELLA (2006): Population structure variations of wild boar Sus scrofa in central Italy. Italian J. Zool. 73 (2): 137 – 144.

MATSCHKE, G. (1962): Trapping and handling European wild hogs. Proc. Southeastern Assoc. Game Fish Comm. Conf. 16: 21 – 24.

MATSCHKE, G. (1964): The influence of oak mast on European wild hog reproduction. Proc. Annu. Conf. Southeast Assoc. Game Fish Comm. 18: 35 – 39.

MATSCHKE, G. (1977): Fertility control in white-tailed deer by steroid implants. J. Wildl. Manag. 41: 731 – 735.

MATTSON, W.J. (1977): The role of Arthropods in forest ecosystems. Springer, Heidelberg.

MAUGET, R. (1972): Oberservations sur la réproduction du sanglier (Sus scrofa L.) à l'état sauvage: Ann. Biol. Anim.Bioch.Biophys. 12(2): 195 – 202.

MAYER, J. und I. BRISBIN (1991): Wild pigs in the United States. Univ. Georgia Press, Athens.

McFEE, A.F. und M. BANNER (1969): Inheritance of chromosome number in pigs. J. Reprod. Fert. 18(1): 9 – 14.

MEINEL, K. (2008): Eine Feldstudie am Schwarzwild zum Einsatz von Ammoniumeisenhexacyanoferrat zur Reduzierung der Radiocaesiumbelastung. Diss. Tierärztl. Fakultät, LMU München.

MENZEL, K. (2003): Der Frischlingsfang, Bankrotterklärung oder Notwendigkeit. Wild u. Hund 8: 36 – 41.

MEURERS, R. von (1970): Sauen unterm Halbmond. Jagderlebnisse aus Algerien. Florstadt.

MEYER, G. (2004): Die Genossen des Erymanthischen Ebers. Verl. Steffen, Friedland.

MEYNHARDT, H. (1981): Schwarzwild-Report. Neumann-Neudamm, Melsungen.

MEYNHARDT, H. (1982): Wildschweingeschichten. Dausien Verl., Hanau.

MEYNHARDT, H. (1984): Die Biologie des Schwarzwildes im Jahresrhythmus. 2. Schwarzwild-Symposium Giessen, Enke Verl., Stuttgart.

MEYNHARDT, H. (1985): Frischlingsmarkierung und territoriales Verhalten. Wild und Hund 11: 46 – 49.

MILTON, S., W. DEAN und S. KLOTZ (1997): Effects of small-scale disturbance on plant assemblages of set-aside land in Central Germany. J. Vegetation Science 8: 45 – 54.

MOENNIG, V. und G. PLAGEMANN (1992): The pestviruses. Adv. Virus Res. 42: 53 – 98.

MONTGELARD, C., ST. DUCROCQ und E. DOUZERY (1998): What is a Suiforme (Artiodactyla)? Molecular Phylogenetics and Evolution 9(3): 528 – 532.

MOORE, N.P. und C.J. WILSON (2005): Feral wild boar in England. Implications of future management options. A report on behalf Defra European Wildlife Division. DEFRA, London.

MORETTI, M. (1995) Birth distribution, structure and dynamics of a hunted mountain population of wild boar (Sus scrofa L.). J. Mount. Ecol. 3: 192 – 196.

MÜLLER, H. (1978): Der Pfälzische Jagdschutzverein e.V. Eine Dokumentation zur Erinnerung an seine 1878 erfolgte Gründung. Bad Dürkheim.

MÜLLER, P. (1981): Arealsysteme und Biogeographie. Verl. Ulmer, Stuttgart.

MÜLLER, P. (1986): Sender im Teller. Jäger 7: 40 – 43.

MÜLLER, P. (1995): Ökologische Schwachstellen und Probleme bei der Produktion von Vieh und Fleisch. Studie für die CMA, Bonn.

MÜLLER, P. (1997): Naturschutz auf Taiwan:…ohne den Einfluss des Menschen. Wild und Hund 26: 38 – 41.

MÜLLER, P. (1998): Raum-Zeit-Verhalten telemetrierter Wildschweine unter Jagddruck. Schwarzwild-Symposium des Bayerischen Landesjagdverbandes, Kloster Banz.

MÜLLER, P. (1999): Borstige Zeiten. Welche Faktoren sind für die „Sauenschwemme“ verantwortlich? Jäger 6: 32 – 34.

MÜLLER, P. (2001): Schweinepest, Schwarzwildschäden und Wildlife-Management. Saarjäger 4: 7 – 10.

MÜLLER, P. (2001): Schweinepest – ein Dauerthema. Game Conservancy Nachrichten 1: 27 – 28.

MÜLLER, P. (2002): Ökosystemgerechtes Wildlifemanagement. Rundgespräche der Kommission für Ökologie der Bayerischen Akademie der Wissenschaften 25: 95 – 132, Pfeil Verl., München.

MÜLLER, P. (2003): Nachtjäger in Problemgebieten. Wild und Hund 106 (14).

MÜLLER, P. (2004): Differenzierende Streckenanalysen sind notwendig.

Game Conservancy Nachrichten 14 (1): 40 – 45.

MÜLLER, P. (2004): Kann Jagd regulieren? Jäger 4: 50 – 53.

MÜLLER, P. (2007): „Muttertierschutz“ – Weidgerechte Jagd und Wildlife-Management. GCD-Nachrichten 17 (2): 4 – 28.

MÜLLER, P. (2007): Klimawandel und Wildtiere. GCD-Nachrichten 17 (2): 29 – 50.

MÜLLER, P. (2008): FFH-Richtlinie, Grundbesitz und Artenschutz oder „Was macht eine Douglasie in einem Fagetum?“ Game Conservancy Nachrichten 8 (1): 11 – 31.

MÜLLER, P. (2008): FFH – Irrtum zwischen Theorie und Praxis. MIRO.

MÜLLER, P. (2009): Die Zukunft der Jagd & die Jäger der Zukunft. Neumann-Neudamm, Melsungen.

MÜLLER, P. und H. CARIUS (1998): Faszination Schwarzwild. Jäger 12: 38 – 42.

MÜLLER, T.F., J. TEUFFERT, R. ZELLMER und F. CONRATHS (2001): Experimental infection of European wild boars and domestic pigs with pseudorabies viruses with differing virulence. Am. J.Vet. Res. 62 (2): 253 – 258.

MÜLLER-WESTERMEIER, G., C. LEFEBVRE, H. NITSCHE, W. RECKE und K. ZIMMERMANN (2007): Die Witterung in Deutschland 2006. DWD – Klimastatusbericht 2006: 5 – 28.

MÜLLER-WILLE, M. und J. OLDENSTEIN (1981): Die ländliche Besiedlung des Umlandes von Mainz in spätrömischer und frühmittelalterlicher Sicht. Bericht der Römisch-Germanischen Kommission 62: 261 – 316.

MURAMOTO, I., S. MAKINO, T. ISHIKAWA und H. KANAGAWA (1965): On the chromosomes of the wild boar and the boar-pig hybrids. Proc. Japanese Acad. 41: 236 – 239.

MURSWIEK, H.-J. (1988): Jagdrecht. Staatsverlag der Deutschen Demokratischen Republik, Berlin.

MYRCHA, A. und W. JEZIERSKI (1972): Metabolic rate during the postnatal development of wild boars. Acta theriol. 17: 443 – 452.

NAHLIK, A. und G. SANDOR (2003): Birth rate and offspring survival in a free-ranging wild boar Sus scrofa population. Wildlife Biol. 9: 37 – 42.

NASIMOVICH, A. (1955): Role of snow-cover regime for the life of ungulates within USSR territory. Academy of Sciences, Moskau.

NEET, C.R. (1995): Population dynamics and management of Sus scrofa in Western Switzerland: a statistical modelling approach. Ibex JME 3: 188 – 191.

NIETHAMMER, J. und F. KRAPP (1986): Handbuch der Säugetiere Europas. Aula Verl., Wiesbaden.

NIXON, C., McCLAIN und R. DONOHOE (1975): Effects of hunting and mast crops on a squirrel population. J. Wildl. Managem. 39 (1): 1 – 25.

NORMAN, G. und D. STEFFEN (2003): Effects of recruitment oak mast, and fall-season format on wild turkey harvest rates in Virginia. Wildlife Soc. Bull. 31 (2): 553 – 559.

NYENHUIS, H. (2004): Witterungseinfluss auf die zunehmende Frischlings- und Überläuferstrecke (Sus scrofa L.) in einem Mischwaldareal. Beitr. Jagd- und Wildforschung 29: 207 – 216.

OKARMA, H., B. JEDRZEJEWSKA, B. JEDREZEJEWSKI, Z. KRASINSKI und L. MILKOWSK (1995): The roles of predation, snow cover, acorn crop, and man-related factors on ungulate mortality in Bialowieza Primeval Forest, Poland. Acta Theriol. 40: 197 – 217.

OKUMURA, N., N. ISHIGURO, M. NAKANO, K. HIRAI, A. MATSUI und M. SAHARA (1996): Geographic population structure and sequence divergence in the mitochondrial DNA control region of the Japanese wild boar (Sus scrofa leucomystax), with reference to those of domestic pigs. Biochem. Genet. 34 (5/6): 179 – 189.

PEGEL, M. (2008): Schwarzwildbewirtschaftung. Wildforschung in Baden-Württemberg 7. Aulendorf.

PEITZ, B. und L. PEITZ (1993): Schweine halten. Ulmer Verl., Stuttgart.

PEPIN, D., F. SPITZ, G. JANEAU und G. VALET (1987): Dynamics of reproduction and development of weight in the wild boar (Sus scrofa) in South-West France. Z. Säugetierkd. 52: 21 – 30.

PEREZ, T., J. ALBORNOZ und A. DOMINGUEZ (1998): An evaluation of RAPD fragment reproducibility and nature. Molecular Ecology 7: 1347 – 1357.

PETRAK, M. (1999): Schwarzwildbejagung als Herausforderung: Biologische Grundlagen, Konsequenzen für die Jagdpraxis auch vor dem Hintergrund der Schweinepest. Z. Jagdwiss. 45 (2): 154 – 159.

PETRUSEWICZ, K. und A. MACFADYEN (1970): Productivity of Terrestrial Animals: Principles and Methods. Blackwell, Osford.

PHILIPPI, G. (1969): Zur Verbreitung und Soziologie einiger Arten von Zwergbinsen und Strandlingsgesellschaften im badischen Oberrheingebiet. Mitt.bad.Landesv. Naturkunde u. Naturschutz N.F. 10 (1): 139 – 172.

PIELOWSKI, Z. (1984): Forschung und Praxis in der Bewirtschaftung des Schwarzwildes in Polen. 2. Schwarzwild Symposium Gießen, 41 – 64, Verl. Enke, Stuttgart.

PFISTER, CH. (1999): Wetternachhersage. 500 Jahre Klimavariationen und Naturkatastrophen (1496 – 1995). Haupt Verl., Bern.

PLOCHMANN, R. (1979): Mensch und Wald. In: Rettet den Wald, 157 – 198, Kindler Verl. München.

POHLMEYER, K. (2003): Keine „Pille“ ohne Folgen. Wild und Hund 19: 42 – 45.

POHLMEYER, K. und G. SODEIKAT (2004): Populationsdynamik und Raumnutzung des Schwarzwildes (Sus scrofa). Schwarzwild aktuell; Schriftenreihe Landesjagdverband Bayern 12: 11 – 21.

POMMERENING, A. (1997): Eine Analyse neuer Ansätze zur Bestandesinventur in strukturreichen Wäldern. Dissertation, Fak. Forstw., Göttingen.

PÖSL, W. (2009): Schwarzwild – wirklich ein unlösbares Problem? Jagd in Bayern 2: 20 – 22.

POTT, R. (1983): Geschichte der Hude- und Schneitelwirtschaft in Nordwestdeutschland und ihre Auswirkungen auf die Vegetation. Oldenburger Jahrbuch 83: 357 – 373.

POTT, R. (1991): Extensiv genutzte Wälder in Nordrhein-Westfalen und ihre Schutzwürdigkeit. Geobot. Koll. 7: 59 – 82.

POTT, R. (1992): Geschichte der Wälder des westfälischen Berglandes unter dem Einfluss des Menschen. Forstarchiv 63: 171 – 182.

POTT, R. (1995): Die Pflanzengesellschaften Deutschlands. Ulmer Verl., Stuttgart.

POTT, R. (2000): Die Entwicklung der europäischen Buchenwälder in der Nacheiszeit. Rundgespr. Komm. Ökologie, Bayerische Akad. Wissen. 18: 49 – 75; Verl. Pfeil, München.

POTT, R. (2005): Allgemeine Geobotanik. Biogeosysteme und Biodiversität. Springer Verl., Berlin.

POTT, R. und J. HÜPPE (1991): Die Hudelandschaften Nordwestdeutschlands. Abhandlungen aus dem Westfälischen Museum für Naturkunde 53 (1/2), Münster.

PRETZSCH, H. (1995): Zum Einfluss des Baumverteilungsmusters auf den Bestandeszuwachs. AFJZ 166(9-10): 190 – 201.

RAHM, U. (1980): Das prähistorische und historische Vorkommen des Wildschweines in der Schweiz. Schwarzwild Symposium Gießen, 3 – 12. Verl. Enke, Stuttgart.

RAKOW, F. (2008): Wie kirrt Deutschland? Wild und Hund 19: 18 – 25.

RANDI, E., G. MASSEI und P. GENOV (1992): Allozyme variability in Bulgarian wild boar populations. Acta Theriologica 37 (3): 271 – 278.

RATKIEWICZ, M. und A. BORKOWSKA (2000): Multiple paternity and reproductive strategies in the bank vole (Clethrionomys glareolus): field and experimental data. Z. Säugetierkd. 65: 6 – 14.

RODEWALD, A. (2003): Decline of oak forests and implications for forest wildlife conservation. Natural Areas Journal 23 (4): 368 – 371.

ROIGO, C., SERVANTI, J. GAILLARD, S. BRANDT und E. BAUBET (2008): Disentangling natural from hunting mortality in intensively hunted wild boar population. J. Wildlife Management 72 (7): 1532 – 1539.

RÜHE, R. (1997): Zum Ruhelagerbau des Wildschweines (Sus scrofa L.) in einer Phase strengen Frostes. Z. Jagdwiss. 43 (2): 116 – 119.

RUIZ-FONS, F., J. VICENTE, D. VIDAL, U. HOFLE, D. VILLANUA, C. GASS, J. SEGALES, S. ALMERIA, V. MONTORO und C. GORTAZAR (2006): Seroprevalance of six reproductive pathogens in European wild boar (Sus scrofa) from Spain: The effect on wild boar female reproductive performance. Theriogenology 65 (4): 731 – 743.

RUSSO, L., G. MASSEI und P. GENOV (1997): Daily home range and activity of wild boar in a Mediterranean area free from hunting. Ethol. Ecol. & Evol. 9: 287 – 294.

RUST, A. (1943): Die alt- und mittelsteinzeitlichen Funde von Neumünster. Stellmoor, Neumünster.

RUTBERG, A., R. NAUGLE, L. THIELE und I. LIU (2004): Effects of immunocontraception on a suburban population of white-tailed deer Odocoileus virginianus. Bio. Cons. 116: 243 – 250.

RUVINSY, A. und M.-F. ROTHSCHILD (1998): Systematics and evolution of the pigs. University of New England, Armidale.

SAEZ-ROYUELA, C. und J. TELLERIA (1986): The increased population of the wild boar (Sus scrofa L.) in Europe. Mammal Review 16(2): 97 – 101.

SANTOS, P., P. FERNANDEZ-LLARIO, C. FONSECA, A. MONZON, P. BENTO, A. SOARES, P. MATEOS-QUESADA und F. PETRUCCI-FONSECA (2006): Habitat and reproductive phenology of wild boar (Sus scrofa) in the western Iberian Penisula. European Journal of Wildlife Research 52 (3): 207 – 212.

SASAKI, S., A. CLUTTER und D. POMP (1996): Assignment of the porcine obese (leptin) gene to chromosome 18 by linkage analysis of a new PCR-based polymorphism. Mamm. Genome 7(6): 471 – 472.

SCHÄFER, S., A. HOLZMANN, G. WESENAUER und K. ARBEITER (1999): Rauschesynchronisation, Ovulationsinduktion und Gruppenabferkelung beim Schwein. Tierärztl. Umschau 54 (1): 33 – 36.

SCHERZINGER, W. (1996): Naturschutz im Wald. Ulmer, Stuttgart.

SCHLENCHER, F. (2002): Die Nachtjagd an der Saukirrung. Verl. Hoffmann, Mainz.

SCHMITHÜSEN, J. (1950): Pflanzensoziologie und Pflanzenphänologie vor hundert Jahren. Ber.z. dtsch. Landeskunde 7.

SCHMITHÜSEN, J. (1968): Allgemeine Vegetationsgeographie. De Gruyter Verl., Berlin.

SCHMITT, S. (2002): Nachts, wenn alles schläft. Wild und Hund 18: 36 – 39.

SCHREPFER, F. (1923): Das phänologische Jahr der deutschen Landschaften. G. Z. 29.

SCHWABE, A. und A. KRATOCHWIL (1987): Weidbuchen im Schwarzwald und ihre Entstehung durch Verbiss des Wälderviehs. Karlsruhe.

SELAS, V., E. FRAMSTAD und T. SPIDSO (2002): Effects of seed masting of bilberry, oak and pruce on sympatric populations of bank vole (Clethrionomys glareolus) and wood mouse (Apodemus sylvaticus) in southern Norway. J.Zoology 258: 459 – 468.

SELTER, B. (1995): Waldnutzung und ländliche Gesellschaft. Landwirtschaftlicher „Nährwald“ und neue Holzökonomie im Sauerland des 18. und 19. Jahrhunderts. Forschungen zur Regionalgeschichte 13.

SHAW, M.W. (1968): Factors affecting the natural regeneration of sessile oak (Quercus petraea) in north Wales. II. Acorn losses and germination under field conditions. J. Ecology 56: 647 – 660.

SHIMANUKI, S., E. KOBAYASHI und T. AWATA (2002): Genomic structure of the porcine Interleucin 8 gene and development of a microsatellite marker within intron 1. Animal Genetics 33: 468 – 485.

SIERRA, C. (2001): El cerdo cimarron (Sus scrofa, Suidae) en la Isla del Coco, Costa Rica: Composicion de su dieta, estado reproductivo y genetica. Rev. Viol. Trop. 49 (3-4): 1147 – 1157.

SINGER, F.J., D. OTTO, A. TIPTON und CH. HABLE (1981): Home ranges movements and habitat use of European wild boar in Tennessee. J. Wildl. Managem. 45 (2): 343 – 353.

SITTE, P., H. ZIEGLER, F. EHRENDORFER und A. BRESINSKY (1998): Lehrbuch der Botanik. 34. Auflage, G. Fischer Verl., Stuttgart.

SLOTERDIJK, P. (1999): Kritik der zynischen Vernunft. Frankfurt.

SMIRNOV, M. (1994): Large game mammals of southern Sibiria. Dissertation, Univ. Moskau.

SMYTH, M. (1966): Winter breeding in woodland mice, Apodemus sylvaticus, and voles, Clethrionomys glareolus and Microtus agrestis, near Oxford. J. Animal Ecology 35: 471 – 485.

SOBANSKY, G. (1992): Ungulates of Altai mountains. Nauka, Novosibirsk.

SODEIKAT, G. und K. POHLMEYER (2002): Temporary home range modifications of wild boar family groups (Sus scrofa L.) caused by drive hunts in Lower Saxony (Germany). Z. Jagdwiss. 48: 161 – 166.

SOKOLOV, V. und L. BASKIN (1984): Aims of applied ecological and ethological research of game land animals in forest zone. In: Zhivotnyi mir yuzhnoi taigi, 6 – 38, Nauka, Moskau.

SOKOV, A. (1993): Mammals – Artiodactyla. Fauna Tadzhikistan 20 (5): 1 – 257.

SORK, V. (1993): Evolutionary ecology of mast-seeding in temperate und tropical oaks (Quercus ssp.). Vegetatio 108: 133 – 147.

SPATZ, G. (1975): Sekundär-Sukzession auf von Schweinen zerstörtem Grasland im Hawaii Volcanoes National Park. Ber. Int. Symp. Vegetationskunde 17; Sukzessionsforschung 339 – 353.

SPELLMANN, H. (2008): Ergebnisse angewandter Forschung zur Buche. Beitr. Nordwestdeutsche Forstlich Versuchsanstalt 3, Göttingen.

SPENCER, P. (1955): The effects of rodents on reforestation. Proc. Soc. American Foresters 125 – 128.

SPITZ, F. und G. JANEAU (1990): Spatial strategies: an attempt to classify daily movements of wild boar. Acta Theriologica 35 (1/2): 129 – 149.

STAHL, D. (1980): Schwarzwildhege in einem Hochwildring der Lüneburger Heide. Stuttgart.

STAHL, D. (1980): Die Problematik der Bejagung von Überläufern. Sonderausgabe, Niedersächsischer Jäger 9.

STAHMANN, D. (2008): Weidgerecht und nachhaltig. Die Entstehung der Bürgerlichen Jagdkultur. Neumann-Neudamm, Melsungen.

STEGEMAN, A., A. ELBERS, H. DE SMITH, H. MOSER, J. SMK, F. PLUMERS und D. PATON (2000): The 1997 – 1998 epidemic of classical swine fever in the Netherlande. Veterinary-Microbiology 73 (2-3): 183 – 196.

STENSETH, N., O. BJORNSTAD und T. SAITOH (1998): Seasonal forcing on the dynamics of Clethrionomys rufocanus: modelling geographic gradients in population dynamics. Res. Popu. Ecol. 40: 85 – 95.

STEWART, L., H. FINLAYSON, A. MACDONALD, A. DOWNING, S. J. GOODMAN, K. LEUS, L. KASPE, E. WAHYUNI und A. ARCHIBALD (2002): Application of Sus scrofa microsatellite markers to wild suiformes. Conserv. Genetics 3: 347 – 350.

STODDART, D. (1979): Ecology of small mammals. Chapman and Hall, London.

STUART, A. (1976): British Quarternary vertebrates. In: British Quarternary Studies, 69 – 81, Clarendon Press, Oxford.

STUBBE, CH. (1994): Erhöhung des Frischlingsanteils an der Jagdstrecke und der kompensatorischen Sterblichkeit durch zusätzlichen Fang von Schwarzwild. Beitr. Jagd- und Wildforschung 19: 47 – 52.

STUBBE, CH. (2006): Die Jagd in der DDR. Ohne Pracht eine andere Jagd. 2. Aufl., Melsungen.

STUBBE, CH. (2008): Sauenfang. Pro und contra. Wild und Hund 11: 32 – 37.

STUBBE, CH. (2008): Der Wolf in Russland – historische Entwicklung und Probleme. Beitr. Jagd- und Wildforschug 33: 325 – 364.

STUBBE, CH., S. MEHLITZ, K. PAUSTIAN, R. PEUKERT und H. ZORNER (1984): Erfahrungen zum Lebendfang von Schwarzwild in den Wildforschungsgebieten. Beitr. Jagd- und Wildforschung 13: 203 – 216.

STUBBE, CH., S. MEHLITZ, R. PEUKERT, J. GORETZKI, W. STUBBE und H. MEYNHARDT (1989): Lebensraumnutzung und Populationsumsatz des Schwarzwildbestandes in der DDR – Ergebnisse der Wildmarkierung. Beitr. Jagd- und Wildforschung 16: 212 – 231.

STUBBE, W. und M. STUBBE (1977): Vergleichende Beiträge zur Reproduktion und Geburtsbiologie von Wild- und Hausschwein Sus scrofa L. Jagd- und Wild-Forschung 10: 153 – 179.

SU,Y., Y. XIONG, Q. ZHANG, W. LIU, S. JIANG, L. YU, X. XIA, R. ZENG und CH. DENG (2002): Construction of genetic microsatellite maps for some Chromosomes in Chinese swine reference population. Asian-Aust. J. Anim. Sci. 15 (10): 1386 – 1390.

SUN, S., X. GAO und L. CHEN (2004): High acorn predation prevents the regeneration of Quercus liatungensis in the Dongling mountain region of north China. Restoration Ecology 12 (3): 335 – 342.

SUTMÖLLER, J., H. SPELLMANN, C. FIEBIGER und M. ALBERT (2008): Der Klimawandel und seine Auswirkungen auf die Buchenwälder in Deutschland. In: SPELLMANN 2008: 135 – 157.

TANTON, M. (1965): Acorn destruction potential of small mammals and birds in British woodland. Quarterly J. Forrestry 59: 230 – 234.

TAST, J. und O. KALELA (1971): Comparisons between rodent cycles and plant production in Finnish Lapland. Ann. Acad.Scient. Fennicae IV, Biologica 186: 1 – 9.

TATE, J. (1984): Techniques for controlling wild hogs in Great Smokey Mountain National park. Uplands Field Res. Lab. Gatlinburg.

TAYLOR, R., E. HELLGREN, T. GABOR und L. ILSE (1998): Reproduction of feral pigs in Southern Texas. J. Mammalogy 79 (4): 1325 – 1331.

TEICHERT, M. (1970): Größenveränderungen der Schweine vom Neolithikum bis zum Mittelalter. Arch. Tierzucht 13: 229 – 240.

TEN CATE, C.L. (1972): Wan god mast gift. Bilder aus der Schweinezucht im Walde. Centre for Agricultural Publishing and Documentation, Wageningen.

TEUWSEN, N. (1980): Das Lüneburger Modell. Sonderausgabe, Niedersächsischer Jäger 9.

THEIMER, T. und P. KEIM (1998): Phylogenetic relationships of Pecaries based on mitochondrial Cytochrome DNA sequences. J. Mammalogy 79:566 – 572.

THENIUS, E. (1970): Zur Evolution und Verbreitungsgeschichte der Suidae (Artiodactyla, Mammalia). Z. Säugetierkde. 35: 321 – 342.

TIETJE, W., S. GARCIA, W. WEITKAMP, W. JENSEN und J. VREELAND (1999): Acorn yields in three coastal-central California countries during 1988 – 1997. Transact. Western Section Wildlife Soc. 35: 41 – 49.

TIMM, A. (1960): Die Waldnutzung in Norddeutschland im Spiegel der Weistümer. Bülau Verl., Köln.

TIMOFEEVA, E. (1975): Ecology of boar at the north-west of the European part of the USSR. In: Kopytnye fauny SSR, 134 – 135, Nauka, Moskau.

TISCHOFF, H.-M. (2002): Afghanische Sauen.Jagen weltweit 13 (1): 46-53.

TOIGO, C., SERVANTY, J. GAILLARD, S. BRANDT und E. BAUBET (2008): Disentangling natural from hunting mortality in intensively hunted wild boar population. J. Wildl. Managem. 72 (7): 1532 – 1539.

TOMIALOJÉ, L. und T. WESOLOWSKI (2004): Diversity of the Bialowieza Forest avifauna in space and time. J. Ornith. 145: 81 – 92.

TREIBER, R. (1997): Vegetationsdynamik unter dem Einfluss des Wildschweins (Sus scrofa L.) am Beispiel bodensaurer Trockenrasen der elsässischen Harth. Z. Ökologie und Naturschutz 6: 83 – 95.

TRUVÉ, J. (2004): Pigs in space: Movement, dispersal and geographic expansion of wild boar (Sus scrofa) in Sweden. Dissertation, Univerität Göteborg.

TUCAK, Z. (1996): Ergebnisse von 155 Mageninhaltsuntersuchungen von Schwarzwild (Sus scrofa L.) im ungegatterten Teil des Waldreviers Belge in Baranja. Z. Jagdwiss. 42 (3): 165 – 172.

URSING, B. und U. ARNASON (1998): The complete Mitochondrial DNA sequence of the pig (Sus scrofa). J. Mol. Evol. 47: 302 – 306.

VAN OIRSCHOT, J. (1988): Description of the virus infection. In: LIES (ed.) Classical swine fever and related viral infections. Nijhoff Publ. 1 – 25, Dordrecht.

VASSANT, J., J. JULIEN und S. BRANDT (1990): Bilan des expériences francaises en matière de captures de sangliers sauvages. Actes du symp. sur les techniques de capture et de marquage des ongulés sauvages, 83 – 88, Mèze (Hérault).

VATOLIN, B.A. (1980): Distribution, numbers and impact of ecological factors on boar in Bryansk oblast. In: Kopytnye fauny SSR, 131 – 132, Nauka, Moskau.

VERNESI, C., B. CRESTANELLO, E. PECHIOLI, D. TARTARI, D. CARAMELLI, H. HAUFFE und G. BERTORELLE (2003): The genetic impact of demographic decline and reintroduction in the wild boar (Sus scrofa): a microsatellite analysis. Molecular Ecology 12: 585 – 595.

VIDAL, D., V. NARANJO, R. MATEO, CH. GORTAZAR und J. DE LA FUENTE (2006): Analysis of serum biochemical parameters in relation to Mycobacterium bovis infection of European wild boar (Sus scrofa) in Spain. European Journal of Wildlife Research 52: 301 – 304.

VIETINGHOFF-RIESCH A. von (1952): Die Bedeutung des Schwarzwildes bei Gradationen forstschädlicher Insekten. Forstwiss. Centralbl. 71: 29 – 47.

VOLOKH, A. (2002): Some ecological characteristics of southern marginal wild boar population in Ukraine. Zool. Zhurnal 81 (12): 1506 – 1512.

VOLOKH, A. (2008): Condition of the wild boar (Sus scrofa) in the Steppe Ukraine. Beitr. Jagd- und Wildtierforschung 33: 313 – 323.

VTOROV, I.P. (1993): Feral pig removal: Effects on soil microarthropods in a Hawaiian rain forest. J. Wildl. Manag. 57: 875 – 880.

WACHTER, H. (1953): Über den Einfluss der Witterung auf die Samenbildung der Eiche. Der Wald 3: 86 – 88.

WAITMAN, J., D. VAN VUREN, J. DREW, A. BRINKHAUS und I. GARDNER (1999): Range expansion, population sizes, and management of wild pigs in California. J. Wildl. Managem. 63(1): 298 – 308.

WATANOBE, T., N. OKUMURA, N. ISHIGURO, M. NAKANO, A. MATSUI, M. SAHARA und M. KOMATSU (1999): Genetic relationship and distribution of the Japanese wild boar (Sus scrofa leucomystax) and Ryukyu wild boars (Sus scrofa riukiuanus) analysed by mitochondrial DNA. Molecular Ecology 8: 1509 – 1512.

WATANOBE, T. und H. USHIRO (2001): Ancient mitochondrial DNA reveals the origin of Sus scrofa from Rebun Island, Japan. J. Mol. Evol. 52: 281 – 289.

WATT, A. (1932): On the ecology of British beechwoods with special reference to their regeneration. J. Ecol. 11: 1 – 48.

WATTS, C. (1968): The food eaten by wood mice (Apodemus sylvaticus) and bank voles (Clethrionomys glareolus) in Wytham Woods, Berkshire. J. Animal Ecology 37: 25 – 41.

WELANDER, J. (1995): Are wild boars a future threat to the swedish flora? J. Mountain Ecol. Torino 3: 165 – 167.

WILD, D. (1918): Die natürliche Verjüngung der Eiche im Mastjahr 1918. Forstwiss. Centralblatt.

WILDE, J. (1936): Kulturgeschichte der rheinpfälzischen Baumwelt und ihrer Naturdenkmale. Kaiserslautern.

WILLIAMSON, M. und M. PELTON (1975): Some biochemical parameters of serum of European wild hogs. Proc. of the 29th annual conference of the Southeastern Association of Game and Fish Commissioners 29: 672 – 679.

WOLKERS, J., T. WENSING, G. GROOT BRUINDERINK und A. SCHONEWILLE (1993): Nutritional status of wild boar (Sus scrofa): II. Body fat reserves in relation to haematology and blood chemistry. Comp. Biochem. Physiol. Part A Physiol. 105: 539 – 542.

WOLOCH, A. (2007): Dynamik der Fauna der Jagdsäugetiere in der Südukraine im 20. Jahrhundert. Beitr. Jagd- und Wildtierforschung 32: 239 – 249.

ZHANG, Y. (1997): Distribution of Mammalian species in China. China Forestry Publ. House, Peking.

ZIEGLER, CH. (2001): Beobachtungen zum Kronenzustand an Eiche und Buche in Naturwaldzellen und auf Dauerbeobachtungsflächen. LÖBF, Recklinghausen.

ZIVKOVIC, S., V. JOVANOVIC, J. ISAKOVIC und S. MILOSEVIC (1971): Chromosomensatz des europäischen Wildschweines. Experientia 27: 224 – 226, Basel.

8. Sachregister

NEUMANN-NEUDAMM

Von Paul Müller bereits erschienen:

PAUL MÜLLER

Die Zukunft der Jagd
&
die Jäger der Zukunft

Softcover
144 Seiten
einige schwarz-weiß Abb.
Format 13,2 x 21 cm

ISBN 978-3-7888-1259-1

Dieses Buch ist die Grundlage einer offenen Diskussion, der sich die Jäger schnellstens stellen müssen. Der Autor, Prof. Dr. Dr. h.c. mult. Paul Müller, beschäftigt sich mit der Frage, wie zukunftsfähig unser Jagdsystem heute ist und kommt zu überraschend einfachen und logischen Schlüssen. Dabei spart er nicht an Kritik gegenüber den offiziellen Vertretern der Jagd und stellt sich ganz auf die Seite der vernünftigen, bodenständigen Jagd.

Mit plastischen Beispielen und kleinen Anekdoten gibt er den Jägern Argumente an die Hand, die sich nicht von Naturschutzaktivisten, EU-Bürokraten oder Ministern mit Pseudo-Studien oder „Die-Mehrheit-will-es-so"-Argumenten bluffen lassen wollen.

Diese Lektüre ist Pflicht für alle Jäger, die Jäger bleiben wollen und sich nicht zum Schädlingsbekämpfer degradieren lassen wollen, vor allem aber für jene, die mit der „Geh-in-Deckung,-dann-passiert-Dir-nichts"-Haltung brechen wollen, weil ihnen die Zukunft der Jagd und der Biodiversität am Herzen liegt.

Verlag J. Neumann-Neudamm AG
Schwalbenweg 1 – 34212 Melsungen
Tel. 05661.9262-26 Fax 05661.9262-19
info@neumann-neudamm.de www.neumann-neudamm.de

Heinz Meynhardt

Die Sprache des Schwarzwildes

(Audio-CD) ca. 25 min. in DVD Box
ISBN 978-3-7888-1245-4

Dieses einzigartige Tondokument enthält Aufnahmen von Lautäußerungen unseres heimischen Schwarzwildes aus freier Wildbahn. Aufgenommen wurde diese faszinierende CD von PROF. Heinz Meynhardt, der sie auch selbst fachkundig kommentiert und so auch für den Laien verständlich Leben und Verhalten der Wildschweine näher bringt.

Der Ablauf der CD spiegelt das Jahr des Schwarzwildes: Rauschzeit – Die Belästigung – Prägung der Frischlinge – Erstes Treff en im Revier – Frischlingskämpfe – Hunger – Gemeinsam fordern – Mahlzeit – Rangordnungskämpfe – Warnlaute – Ohne Mutterbache – Kontaktlaut – Dialekt – Anschluß verloren – Ausgestorben – Ein neues Jahr

Heinz Meynhardt lebte in der DDR. Als Verhaltensforscher, die größte Begabung seit Konrad Lorenz, galt sein Interesse an der Natur insbesondere dem Schwarzwild, über welches er mehrere Filme drehte, die in mehr als 50 Ländern im Fernsehen ausgestrahlt wurden. Zahlreiche Bücher und Fachveröff entlichungen machen ihn bis heute unvergessen.

Diese Aufnahmen sind bis heute die einzigen, die ein genaues Bild über die familiären Tiere und ihre Lautäußerungen geben und sind für jeden Naturfreund eine Bereicherung darstellen.

Verlag J. Neumann-Neudamm AG
Schwalbenweg 1 – 34212 Melsungen
Tel. 05661.9262-26 Fax 05661.9262-19
info@neumann-neudamm.de www.neumann-neudamm.de

NEUMANN-NEUDAMM